Eva Pretscher

Doggy Challenges

- Das Aufreißbuch -

Clevere Trainingsaufgaben für deinen Hund und dich

Kynos

Unter diesem Link findest du alle im Buch erwähnten Videos und Vorlagen:
www.hundebuchshop.com/Downloads-zu-Doggy-Challenges.htm

Hier findest du die Facebook-Gruppe, in der du deine Antworten und Bilder posten darfst: **www.facebook.com/groups/doggychallenges/**

© 2024 KYNOS VERLAG Dr. Dieter Fleig GmbH
Konrad-Zuse-Straße 3 • D-54552 Nerdlen/Daun
Telefon: 06592 957389-0
www.kynos-verlag.de

Gedruckt in Lettland

Grafik & Layout: Kynos Verlag

ISBN 978-3-95464-331-8

Bildnachweis: Alle Fotos Eva Pretscher außer S. 88 Laura Jahn Golden Dreams Photography
Alle Grafiken Nicole Hilgers unter Verwendung folgender Grafiken: www.Adobe-Stock.com: Creathub: S. 4; alazur S. 6; nsit0108: S. 6, 31; YummyBuum: Titelbild, S. 9; k_tatsiana: Titelbild, S. 11, 57, 60; Good Studio: Titelbild, S. 10-12, 14-15, 57, 59, 62; ssstocker: S. 14; kavya: S. Titelbild, 16; lupascoroman: S. 17-23, 31, 49, 52, 57, 58; Vectorwonderland: Titelbild, S. 25-31, 48, 57-59; Luise: Titelbild, S. 23, 26-27, 29-31, 33-40, 44, 50-51, 55, 60, 62, 69, 71, 74, 77, 85; VectorBum: Titelbild, S. 26-29, 33-35, 37-40, 54-55, 74; viktorijareut: S. 47, 61; valvector: S. 53; Yuliia-Kutsaieva: S. 72; npaveln: S. 79; YuliiaKutsaieva: S. 72; EVGENIY: S. 42; MINIWIDE: S. 57-58; moonnoon: S. 72; elena_garder: S. 78; i_mARTy: S. 78

Inhaltsverzeichnis

Vorab ... 4

Challenge-Block 1 – Völlig von den Socken ... 9

Challenge-Block 2 – Gut betucht ... 17

Challenge-Block 3 – „An die Töpfe – fertig – los“ ... 25

Challenge-Block 4 – Fußarbeit mal anders ... 33

Challenge-Block 5 – „Langweilig wird´s nicht“ oder „aus Alt mach neu“ ... 41

Challenge-Block 6 – „Auf die Decke - fertig - los ...“ ... 49

Challenge-Block 7 – „Mix it“ – Die Masterchallenge ... 57

Challenge-Block 8 – Kartentricks mal anders ... 65

Challenge-Block 9 – Lustige Challengeideen für zwischendurch ... 73

Block 10 – Vorlagen zum Ausschneiden ... 81

Über die Autorin ... 88

Einmal Aufreissen bitte

Lass dich überraschen! Welche Challenges genau dich in den einzelnen Blöcken erwarten, findest du nach dem Auftrennen der Seiten oben und an der Seite.

Unser Tipp: Öffne immer nur den nächsten Block – so bleibt es spannend! Also nur Mut: Hier darfst und sollst du die Seiten aufreißen!

Vorab

Habt Spaß mit eurem Hund! Ob ihr die einzelnen Challenges zu 100 % schafft, ist eher nebensächlich. Natürlich sind Erfolgserlebnisse toll, aber in erster Linie geht es um gemeinsame Erlebnisse, um Qualitätszeit und darum, dass beide Freude daran haben, die kleinen und großen Herausforderungen zu meistern.

Reihenfolge

Es ist sinnvoll, die einzelnen Challengeblöcke der Reihe nach auszuführen, denn sie bauen innerhalb der Themenblöcke aufeinander auf. Und auch in späteren Challengeaufgaben wird teils auf Vorangegangenes verwiesen.

Falls dein Hund davon schon etwas kann bzw. auch Teilschritte der einzelnen Challenge schon beherrscht, fühl dich frei und steige natürlich da im Training ein, wo ihr vom Trainingslevel seid.

Bei allen Challengeaufgaben lohnt es sich, ausreichend Zeit für Training und vor allem auch auf die Genauigkeit der Ausführung insbesondere der Ausführung unter Signal zu investieren. In den späteren Aufgabenblöcken warten Verhaltensketten auf euch und eure Hunde, bei denen ihr einige vorherige Übungen wirklich gut auf Wortsignal trainiert haben solltet. Also lasst euch Zeit, es lohnt sich.

Bevor es mit den eigentlichen Challenges losgeht, findet ihr hier noch ein paar allgemeine Hintergründe zum Thema Training, Belohnung und Signalgabe. Weitere Tipps findet ihr außerdem auf der Rückseite jedes Challengeblocks.

Markerwort/Lobwort

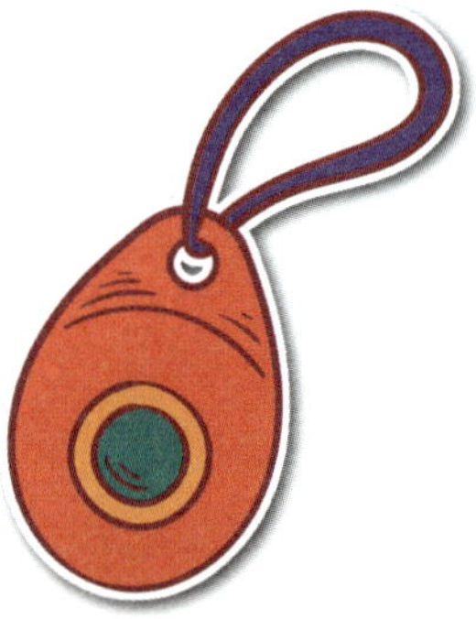

Hilfreich ist es, wenn dein Hund ein Markerwort / Lobwort im Sinne eines sekundären Verstärkers kennt. Zur Erinnerung: Ein sekundärer Verstärker ist ein erlerntes Signal, das einen primären Verstärker wie z. B. Futter ankündigt und damit auch selbst schon etwas von dieser Belohnungsfunktion übernimmt- der Hund fühlt sich gut, wenn er es hört, denn es heißt „das war wichtig, Belohnung kommt!“.

Der bekannteste sekundäre Verstärker ist der Clicker – ein kleiner Knackfrosch, dessen Geräusch dem Hund eine Belohnung ankündigt. Alternativ kannst du selbstverständlich auch ein Wort verwenden, das deinem Hund eine Belohnung voraussagt. Falls du dich jetzt fragst, warum ein Markerwort hilfreich ist und wie du es aufbauen kannst, schauen wir uns das Ganze gerne mal etwas genauer an.

- Der Vorteil ist: Du kannst deinen Hund exakt in dem Moment loben und für sein Verhalten bestätigen, in dem er es zeigt. Und nicht erst, nachdem er das Verhalten ausgeführt hat und er dann den Keks bekommt. Somit ist das Markerwort ein bisschen wie eine Brücke – es überbrückt die Zeit zwischen dem Verhalten, das mit dem Geräusch bestätigt wurde und der Gabe der Belohnung. Natürlich solltest du trotzdem relativ schnell die Belohnung geben (innerhalb von einigen Sekunden), denn je länger man auf eine Belohnung warten muss, desto minderwertiger wird sie. Ein langer Belohnungsaufschub ist immer mit etwas Frust verbunden. Stelle dir vor, du bekommst für eine lästige Gartenarbeit von mir 100 Euro sofort, nachdem du meinen Garten auf Vordermann gebracht hast, auf die Hand, oder fünf Wochen später und du musst dir das Geld auch noch extra wieder bei mir abholen. Was fühlt sich für dich angenehmer und belohnender an?

- Alleine das Wort bzw. das Geräusch erzeugt ein positives Gefühl für deinen Hund. Denn die Vorfreude auf den Keks kommt schon mit ertönen des Wortes/des Knackgeräusches. Das kennst du vielleicht auch, du hörst ein Geräusch, ein besonderes Lied und schon sind die damit verbundenen Emotionen da.

Falls dein Hund noch kein spezielles Lobwort in diesem Sinne hat, dann kannst du es jetzt ganz einfach aufbauen:

Der Aufbau des Markerwortes erfolgt mithilfe von klassischer Konditionierung. Das hast du bestimmt schon mal gehört. Die klassische Konditionierung geht auf Iwan Petrowitsch Pawlow zurück. Wahrscheinlich kennst du die Versuchsreihe mit der Glocke, die geläutet wurde und dem Hund, der nach dem Glockensignal zu speicheln angefangen hat.

Der Aufbau

Du entscheidest dich zuallererst für ein Wort (am besten ein einsilbiges wie TOP, KLICK, JAP, ZACK, ...) oder du verwendest einen Clicker (ähnlich eines Knackfrosches, den gibt es in jeden gut sortierten Tierfachmarkt) und legst dir Belohnungsmöglichkeiten für deinen Hund bereit (viele kleine und gerne weiche Leckerchen).

Du sagst dein Wort, z. B. *Top* und unmittelbar danach folgt eine Belohnung. Wenn du das einige Male (ca. 20 Mal) wiederholt hast, wird dein Hund eine Verknüpfung zwischen dem Wort und der damit verbundenen Ankündigung einer Belohnung erkennen. Wichtig ist die zeitliche Reihenfolge: erst das Wort / der Klick und dann die Belohnung. Bist du fertig? – Perfekt: Denn dann können wir starten.

Du kannst jetzt zur Festigung schon bekannte Signale / Tricks deines Hundes abfragen: Sitz, Platz, Drehen, Pfote ... du gibst deinem Hund das Signal, zeigt er das Verhalten, sagst du dein neues Lobwort /bzw. clickerst du und der Hund bekommt die Belohnung.

> Denk daran: Das Lobwort ist das 100%ige Versprechen an deinen Hund, auch eine Belohnung zu bekommen. Wenn du es sagst, folgt *immer* eine Belohnung für deinen Hund, auch wenn du es mal aus Versehen gesagt hast, obwohl du es gar nicht wolltest.

Der Vorteil des Lobworts ist außerdem, dass du deinen Hund auch über eine größere Distanz genau im richtigen Moment bestätigen kannst. Dies ist bei einigen Challenges von Vorteil.

Belohnungen

Wir wollen uns hier noch etwas Gedanken um Belohnungen machen. Vielleicht denkst du dir jetzt „Mein Hund frisst eh alles“, aber ich bin mir ziemlich sicher, dass auch dein Hund einen Unterschied zwischen Leberwurst und einem Brocken Trockenfutter macht.

Was ist denn eine wirklich tolle Belohnung für deinen Hund? (siehe auch Rückseite Challenge-Block 3 / Seite 32).

Die meisten Hunde mögen gerne etwas softere Sachen. Diese sind für das Training auch sehr gut geeignet, denn sie sind schnell zu kauen und leicht zu schlucken, ohne sich daran zu verschlucken.

Die idealen Trainingsleckerchen sind demnach

- soft und
- klein

Sprich: Einfach ein Happen, den der Hund nicht lange kauen muss, sondern schnell abschlucken kann.

Bestimmt hast du passende Snacks zum Sofort-Loslegen zu Hause. Mein Hund mag zum Beispiel gerne kleine Käsewürfel. Ich kenne aber auch Hunde, die leidenschaftlich gerne Apfelstückchen oder getrocknete Himbeeren essen.

Natürlich gibt es noch viel mehr Belohnungsmöglichkeiten außer Futter. Sozialer Kontakt wie Streicheln, nette Worte oder auch Spielen sind ebenfalls Belohnungen für Hunde. Allerdings finden die meisten Hunde während des Trainings Berührungen in Form von Streicheln und Knuddeln eher lästig und fühlen sich dadurch aus der Konzentration gebracht. Ist auch irgendwie klar, oder? Oder möchtest du, dass dein Chef, während du hochkonzentriert am Arbeiten bist, dir als Lob durch deine Frisur wuschelt? Wahrscheinlich eher nein. So ist das bei unseren Hunden auch. Sie finden Kuscheln in entspannten Wohlfühlsituationen absolut angenehm und klasse, allerdings nicht in Trainingssituationen. Daher würde ich in Trainingssettings immer Futter als Belohnung bevorzugen.

Spiel ist natürlich auch eine super Belohnung, das Problem von Spielbelohnungen ist aber meist, dass die Belohnungszeremonie lange dauert. Folglich kann ich nicht mehr schnell mehrere Durchgänge hintereinander trainieren, weil das Spiel das Training jedes Mal etwas unterbricht.

Aber vielleicht wäre das Spiel ja eine Art Jackpot für deinen Hund? Also als besonderes Highlight für eine super Ausführung eines Verhaltens, dass ihr gerade trainiert. Du könntest natürlich auch eine kleine Liste schreiben, welche Spiele dein Hund mit dir gemeinsam am liebsten spielt. Spielt so, wie es euch beiden gefällt. Erlaubt ist alles, was gefällt!

Spielfavoriten von ______________________________ Name deines Hundes

1. ______________________________

2. ______________________________

3. ______________________________

Signalaufbau

Schreibe doch hier mal die drei Spielfavoriten deines Hund auf. Evtl. hat er unterschiedliche Vorlieben von Wurf- oder Zergelspielen. Oder er unterscheidet nach Spielzeugart – vielleicht ist das Knotentau besser als der Ball oder umgekehrt.

Hast du dir eigentlich schonmal Gedanken gemacht, wie Signale (von „Kommandos" sprechen wir nicht mehr gern) im Hundetraining korrekt aufgebaut werden sollten? Nehmen wir mal an, du möchtest deinem Hund das Nasentarget beibringen, also dass er etwas Bestimmtes mit seiner Nase anstupsen soll. Wie würdest du vorgehen? Hast du dich schon gewundert, warum hier immer die Signalgabe am Ende des Trainingsaufbaus steht?

Viele Menschen wiederholen während des Trainings immer wieder das Wort – in unserem Beispiel des Nasentargets z. B. „Touch" – bis der Hund hoffentlich tatsächlich irgendwann die Handfläche oder den Gegenstand berührt. Aber ist diese Aktion tatsächlich folgerichtig?

Es kann bestimmt funktionieren, aber einfacher ist es, wenn dein Hund zuerst den entsprechenden Bewegungsablauf gelernt hat. Dazu gibt es mehrere Möglichkeiten: Du kannst ihn einfach mal ausprobieren und über Versuch und Irrtum zum Ziel kommen lassen, oder aber, was meistens schneller und zielführender ist, du kannst ihn etwas in die richtige Richtung oder Bewegung locken, zum Beispiel mit Futter in der Hand.

Klappt das gut, kannst du während der Lockbewegung bereits das Handzeichen einführen. Beim Touch an unserer Hand haben wir das ja schon automatisch mit dabei, denn der Hund sieht unsere Handfläche und soll mit seiner Nase an unsere Hand stupsen. Somit wird er unsere Hand mit seiner Aktion verbinden. Falls du dieses Verhalten mit Keks zwischen den Fingern lockst, darfst du nicht vergessen, das Locken wieder abzubauen. Halte deinem Hund die leere Hand hin. Sobald er diese berührt, kommt dein Marker und du gibst ihm seine Belohnung aus der anderen Hand.

Erst jetzt, wenn dein Hund nicht mehr in das gewünschte Verhalten gelockt wird, ist es an der Zeit, das Wort einzuführen. Gib das „Touch" etwa eine Sekunde vor dem bereits bekannten Handzeichen. Warum? Wenn du das gleichzeitig machst, wird dein Hund ausschließlich dein Handzeichen wahrnehmen und nicht lernen, auf das Wort „Touch" zu achten und zu reagieren.

Trainingsgestaltung

Bevor du gleich mit deinem Hund loslegen kannst, mach dir doch erstmal vorab noch ein paar Gedanken zum Thema Trainingsumgebung und Trainingsgestaltung. Auf der Rückseite von Challenge-Block 6 (Seite 56) findest du auch schon einiges zum Thema Generalisierung. Hier möchte ich dir noch einige Infos bezüglich Trainingsgestaltung geben.

Du erinnerst dich bestimmt noch an deine Schulzeit. Ihr habt zuerst einzelne Zahlen oder auch Buchstaben gelernt und dann erst das Rechnen oder Wörterschreiben. Auf was will ich hinaus? Richtig, du ahnst es schon: Vom Einfachen zum Schweren. Das heißt in allen Trainingsschritten für dich: Denke an den ersten Schultag in der ersten Klasse für deinen Hund und erschwere die Aufgabenstellung nur langsam Schritt für Schritt. Das Tempo dabei bestimmt dein Hund. Denn wenn du schon addieren möchtest, und dein Hund noch nicht mal die Zahlen kennt, wird das Ergebnis nicht zufriedenstellend sein. Für euch beide nicht. Ihr werdet Frust bekommen. Du, weil dein Hund es nicht kann, und dein Hund, weil er gar nicht weiß was er tun bzw. können soll. Pass deine Erwartungshaltung an das Können deines Hundes an und letzten Endes kann dein Hund immer nur so gut sein, wie du es ihm zeigst.

Wir bleiben noch in deiner Erinnerung an die erste Klasse. Ich hoffe, du hattest eine/n tolle/n Lehrer/in, die euer Klassenzimmer und die Atmosphäre so gestaltet hat, dass es überhaupt möglich war, das Schreiben und Rechnen erlernen zu können. Also, es sollte eine ruhige Umgebung sein, sodass man sich auf wesentliche Dinge konzentrieren kann und nicht allzu abgelenkt ist. In der Umgebung sollte man sich sicher und wohl fühlen. Und die einzelnen Stunden sollten so gestaltet sein, dass es ausreichend Erholungspausen gibt.

Was heißt das nun für unser Training mit dem Hund? Richtig, du beginnst das Training in einer reizarmen Umgebung, in der sich dein Hund wohl und sicher fühlt. Vielleicht ist es euer Wohnzimmer, oder ihr habt sogar den Luxus eines eigenen Trainingsraums. Erst dann, wenn es in der sicheren Trainingsatmosphäre klappt, kann man auch, im übertragenen Sinne, im „Pausenhof" rechnen und schreiben.

Zum Arbeiten mit dem Buch

Reiße den ersten Challengeblock auf.

Lese dir am besten, bevor du mit dem Training beginnen möchtest, die einzelnen Schritte genau durch. Falls die genannten Trainingsschritte für dich und deinen Hund zu groß oder auch zu klein gewählt sind, da ihr schon eine Menge an Vorerfahrungen mitbringt, dann darfst du selbstverständlich den Plan an euch anpassen.

Dann würde ich dir raten: Evaluiere doch eine Runde, was im Hinblick der einzelnen Schritte dein Hund wirklich schon gut auf Signal (ohne große Hilfe im Hinblick von Handzeichen und Hilfsgesten von dir) kann. Das heißt, wenn du das Gefühl hast, dass dein Hund den ersten Trainingsschritt der Challenge, die du gerne trainieren möchtest, schon kann, fragst du diesen Schritt einfach mal ab. Wenn es wirklich schon klappt, prima. Dann versuchst du einfach gleich mal den zweiten Schritt. So kannst du jeden Schritt kurz evaluieren, sprich überprüfen, um genau euren Stand festzumachen und dort im Training einzusteigen.

Aber denk daran: Sei fair zu deinem Hund und fange wirklich da an, wo *er* einsteigen möchte und kann! Mache es deinem Hund leicht und mache ihm eine Freude im gemeinsamen Training. Mache es deinem Hund so einfach wie möglich und so leicht wie nötig, dass er

1. Spaß im Training mit dir hat und
2. gar keine Fehler machen kann, da du ihn zu keiner Zeit überforderst.

Eine weitere Sache bei den Challenges bist *du*. Trainiere nur dann, wenn du Lust und Zeit hast, dich auf diese kleinen Herausforderungen einzulassen. Wenn du gestresst von der Arbeit bist, ist vielleicht eine Trainingschallenge an dem Tag nicht das richtige für euch. Dann schnapp dir lieber deinen Hund und ihr geht eine Runde gemeinsam in der Natur entspannen. Auch das hat etwas mit Fairness gegenüber seinem Hund zu tun. Es wäre unfair, mit gestresster oder gar genervter Laune zu trainieren. Denn deine Stimmung wird sich auf dein Hund übertragen und das Trainingserlebnis wird eher weniger zur Quality Time, als sie sein sollte.

So, nun in diesem Sinne: Happy Training! Lasst die Challenges beginnen!

Sammle Sterne!

Die einzelnen Challenges haben verschiedene Schwierigkeitsgrade. Sobald ihr eine Challenge erfolgreich absolviert habt, darfst du euch die entsprechende Anzahl Sterne einkleben, die du hinten in der Umschlagklappe findest.

Challenge-Block 1

Völlig von den Socken

Du wirst von den Socken sein, was du und dein Hund alles mit ganz normalen Socken anstellen könnt.
Und du wirst sehen: Da sind ganz schöne Trainingsherausforderungen dabei!

Was du brauchst:

- Socken der verschiedensten Art in mehreren Farben, z. B. Kniestrümpfe, Ringelsocken, einfarbige Socken ...
- Dicke Haussocken
- Waschmaschine und/oder Wäschekorb
- Wäscheseil oder Wäscheständer, eventuell Wäscheklammern
- Ausmalbilder Socken (für Challenge #5). Zum Herunterladen hier der QR-Code oder alternativ zum Ausschneiden in Block 10
- Buntstifte
- Futterbelohnungen, ggf. Clicker

Was dein Hund können muss:

- Ein trainiertes Markersignal ist von Vorteil
- Nützlich ist es, wenn dein Hund schon apportieren kann bzw. Dinge ins Maul nimmt

Challenge 1: Socken ausziehen

Dein Hund lernt, dir die Socken auszuziehen. Wie praktisch, wenn man abends gemütlich auf dem Sessel sitzt und sich nicht mehr bücken mag!

1. Nimm eine Socke in die Hand und animiere deinen Hund zum Reinschnappen. Am leichtesten geht dies, wenn du die Socke mit kleinen ruckartigen Bewegungen von dem Hund wegbewegst – so wird das Beutefangverhalten deines Hundes angeregt. Sobald dein Hund in den Socken beißt, belohnst du das.

2. Wenn dein Hund zuverlässig in den Socken schnappt, dann fang an, mit ihm ein kleines Ziehspiel zu machen (zu zergeln). So erreichst du, dass dein Hund länger und etwas fester zieht. Auch dies belohnst du.

3. Jetzt ziehst du den Socken etwas über deine Faust und versuchst, ob dein Hund auch so den Socken packt und daran zieht. Natürlich folgt auch hier wieder eine Belohnung für deinen Hund.

4. Ab jetzt kannst du den Socken immer weiter über deine Hand ziehen und den vorherigen Schritt wiederholen. Wenn das gut klappt, zieh den Socken über deinen Fuß, am besten noch nicht über die Ferse. Zeige den Fuß mit der hängenden Socke deinen Hund und warte, ob er auch hier wieder auf die Idee des Ziehens kommt. Wenn ja: Prima – belohne ihn. Wenn nicht, schau, ob du ihn etwas animieren kannst.

5. Nun ziehst du den Socken Schritt für Schritt weiter an und lässt deinen Hund den Socken von deinem Fuß ziehen. Wenn dein Hund das zuverlässig zeigt, baue gerne noch ein Signal für das Verhalten auf. Das heißt, du sagst zuerst dein Signal fürs Ausziehen (zum Beispiel „zieh“) und dann zeigst du den Socken. Dein Hund wird nach einigen Durchgängen eine Verknüpfung zwischen dem Signal und der Handlung herstellen. Warum das Signal „Zieh“ erst ganz zum Schluss dazukommt, kannst du nochmal auf Seite 6 unter „Signalaufbau“ nachlesen.

Challenge 2: Socken in die Waschmaschine räumen

1. Zuerst lernt dein Hund Socken aufzuheben und zu tragen. Das kannst du gut über ein Spiel machen. Bewege gerne die Socke auf den Boden oder werfe sie ein Stück weg. Sobald dein Hund zur Socke geht und sie aufnimmt, belohne das.

2. Im nächsten Schritt animierst du deinen Hund, nach dem Aufnehmen ein Stück mit der Socke zu laufen. Das geht gut, indem du ein Stück rückwärts läufst und deinen Hund zum Mitkommen einlädst.

3. Wir arbeiten nun an dem zielgerichteten Ausgeben: Dein Hund sollte auf Signal „Aus" deine Socke wieder ausgeben. Das kannst du zu Beginn gut mit einem Tauschgeschäft mit Leckerchen erarbeiten: Dein Hund ist mit der Socke vor dir, du gibst dein Signal für das Ausgeben und tauschst danach gegen ein Leckerchen. So wird dein Hund schnell lernen, dass es sich nach dem Wort „Aus" lohnt, die Sache im Maul herzugeben.

4. Nun kommt die Waschmaschine oder auch der Waschkorb ins Spiel. Dein Hund soll die Socke zur Waschmaschine bringen und dort ablegen. Du kannst als Zwischenschritt damit anfangen, dass dein Hund die Socken zielgerichtet in einen Wäschekorb oder Eimer fallen lässt. Das ist einfacher, denn es ist für einen Hund schon schwer, seinen Kopf in die Maschine zu stecken und dort erst den Socken fallen zu lassen.
   Dazu kannst du den Wäschekorb vor oder neben dich stellen und deinem Hund die Socke dort in den Korb geben lassen. Dann kannst du nach und nach den Korb vor die Waschmaschine stellen. Falls du es mit einem Eimer übst, kannst du den Eimer auch mal in die Maschine stellen. Zeige am besten immer auf die Gegenstände, damit dein Hund weiß, wohin der Socken fallengelassen werden soll. Wenn dein Hund das Prinzip verstanden hat, dann sollte es auch mit der Waschmaschine klappen und dann kannst du auch ein Signal einführen.

HIERFÜR GIBT'S EINEN EXTRASTERN

Wenn dein Hund die Socken in die Waschmaschine räumen kann, kannst du natürlich auch das Ausräumen trainieren. Er soll dann die Socke aus der Waschmaschine holen und z.B. in den Wäschekorb bringen. So hast du einen tollen Haushaltshelfer fürs Ein- und Ausräumen aus der Waschmaschine.

Hier findest Du ein Video zum Einräumen in die Waschmaschine: www.hundebuchshop.com/Socken-in-die-Waschmaschine.htm

Challenge 3: Socken auf- oder abhängen

Nachdem dein Hund schon gelernt hat, Socken in den Fang zu nehmen, ist diese Aufgabe relativ einfach für euch.

Ihr braucht ein Wäscheseil oder Ständer (in der Höhe, wo dein Hund gut hinkommt) und Socken.

Hänge zu Beginn am besten nur eine Socke auf das Wäscheseil und animiere deinen Hund, dir diese zu bringen. Zu Beginn würde ich dir empfehlen, noch keine Wäscheklammern zu verwenden. Wenn dein Hund später verstanden hat, um was es geht und sich nicht so leicht verunsichern lässt, kannst du auch Socken mit Wäscheklammern am Seil befestigen, denn dann muss er wesentlich fester ziehen. Wenn dein Hund das Prinzip von „Socken vom Seil ziehen“ verstanden hat, kannst du auch mehrere Socken aufhängen. Fange aber besser nur mit einem an, um deinen Hund nicht unnötig mit zu vielen Gegenständen zu verwirren.

Hierfür gibt's einen Extrastern

Wenn du deinem Hund beibringen möchtest, dass er dir die Socken aufhängt, dann lass dir die Socken zu Beginn erst einmal in die Hand bringen. Dann verlagerst du deine Hand schrittweise über das Wäscheseil und lasst deinen Hund Stück für Stück den Socken auf das Seil abgeben. Dazu „schleichst“ du deine Hand langsam und immer weiter aus dem Trainingssetting aus – bis der Hund den Socken selbstständig auf den Ständer oder das Seil legt.

Challenge 4: Haussocken bringen – gegen kalte Füße

Hierzu brauchst du wieder ein Paar Socken – am besten schön dicke und warme Haussocken.

1. Dieses Paar machst du erstmal für deinen Hund interessant. Du kannst die Socken für dich hochwerfen, du kannst mit ihnen spielen – dein Hund soll die Aufmerksamkeit auf dich und deine Socken lenken.

2. Wenn du die volle Aufmerksamkeit hast, werfe deine Socken ein Stück von dir weg und animiere deinen Hund, dass er sie dir bringt. Prima, wenn das gleich von Anfang an klappt, wenn nicht, wiederhole den Schritt einige Male. Du darfst auch gerne ein paar Mal mit deinem Hund und den Socken spielen. Werfe sie weg, zerre ein bisschen – dein Hund darf und soll Spaß dabei haben. Vergiss natürlich nicht, deinen Hund auch für das Bringen der Socken zu belohnen!

Wenn du die bisherigen Challenges der Reihe nach durchgearbeitet hast, kannst du wahrscheinlich gleich bei Schritt 3 einsteigen.

3. Diesen Schritt wiederholst du einige Male, du wirfst deine Socken irgendwo hin und dein Hund bringt sie dir.

4. Im nächsten Schritt geht es jetzt darum, dass du deine Socken irgendwo ablegen kannst und dann deinen Hund dort hinschicken kannst. Quasi ohne, dass sich die Socken im Vorfeld bewegen. Du kannst sie auch gern verstecken. Dein Hund soll eine Verbindung zu genau diesem Paar Socken bekommen. Ich rate dir, dafür einen festen Sockenplatz zu etablieren – dann ist es für deinen Hund einfacher, dir immer genau dieses Paar Socken zu bringen.

5. Wenn dir dein Hund die Socken zuverlässig bringt, wird es Zeit, ein Signal für „Bring die Socken" zu etablieren.

Nun kannst du bequem auf dem Sofa sitzen und dein Hund bringt dir bei Bedarf die warmen Socken – ein fantastischer Haushaltshelfer!

Challenge 5: Socken anhand von Bildern unterscheiden

Du brauchst zwei unterschiedliche Socken und die Ausmalbilder (siehe unten). Letztere malst du in den gleichen Farben aus, die deine beiden echten Socken haben, also quasi „Doubles". Schon sind deine Signalkarten fertig und das Training kann beginnen.

Achtung!

Hunde können Rot und Grün nicht voneinander unterscheiden, vermeide daher diese Farben! Rote Punkte auf grünen Socken wären z. B. für sie nicht sichtbar. Gelb und Blau dagegen sehen sie sehr gut.

Dein Hund lernt, dass er auf Bild eins die Socke eins bringt (z. B. eine Ringelsocke) und auf Bild zwei die Socke zwei (z. B. eine gepunktete). Auf geht's!

1. Du lässt dir zuerst deine erste Socke ein paar Mal zuverlässig bringen (du weißt ja schon, wie du es aufbaust). Wenn das gut klappt, zeigst du, *bevor* du deinen Hund schickst, das Bild der ersten Socke und schickst ihn erst dann los. Dein Hund soll auf das Bild achten – es wird quasi zum Signal für „hol Socke eins". Pass dabei auf deine Körpersprache auf, du solltest so gut es geht keine Gestik und Mimik verwenden, die deinen Hund verwirren könnte – er soll sich nur auf das Bild konzentrieren und dies wahrnehmen und verknüpfen.

2. Wenn dein Hund auf Bild eins die Socke eins bringt, ist es an der Zeit, dasselbe mit Bild zwei und Socke zwei aufzubauen.

3. Wenn dein Hund beide Socken anhand des Bildes bringt, kannst du beide Bilder kombinieren – hierbei muss dein Hund sehr gut aufpassen und genau auf die Bilder achten. Es ist herausfordernd – aber gut machbar und eine tolle Challenge für dich und deinen Hund.

Schneide die Socken aus der Vorlage hinten im Buch in Block 10 aus und male sie aus. Wenn du das Buch nicht zerschneiden möchtest oder mehr Socken brauchst, findest du hier die Vorlage zum Runterladen, Ausdrucken und Ausmalen. www.hundebuchshop.com/Download-Sockenbild.pdf

Challenge 6: Farbunterscheidung mit zwei Socken

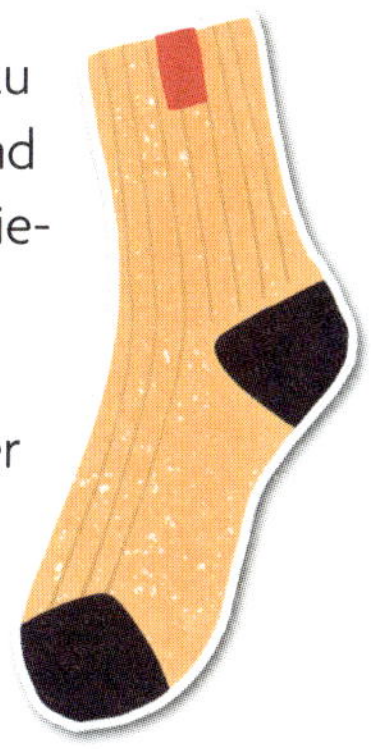

Hunde sehen am besten die Farben Blau und Gelb, daher empfiehlt es sich, auch in diesen Farben zu bleiben. Leicht lässt sich für sie auch eine gelbe Socke von einer schwarzen unterscheiden. Rot und Grün ist für Hunde eher schwer zu erkennen oder z. B. Grün und Grau können sie nicht differenzieren, weil das für sie alles Grautöne sind.

Am eindrucksvollsten ist die Challenge, wenn du genau die gleiche Sockenform, nur eben in einer anderen Farbe nimmst.

1. Du beginnst zuerst wieder nur mit einer Socke. Nimm die gelbe Socke in die Hand und zeige sie deinem Hund. Wahrscheinlich wird er sofort mit seiner Nase rangehen – das markerst und belohnst du sofort. Wiederhole diesen Schritt ein paar Mal.

2. Im nächsten Schritt sagst du dein Signal, z. B. „gelbe Socke“ und zeigst dann deinem Hund die gelbe Socke, die er wieder – wie zuvor gezeigt – mit der Nase anstupsen wird. Auch das wird wieder belohnt. Achte genau darauf, dass du mit Gestik und Mimik deinen Hund keinerlei Hilfen gibst.

3. Schritt 2 wird einige Male wiederholt. Dann beginnst du dein Handsignal Stück für Stück abzubauen, bis die Socke am Boden liegt und du sie nicht mehr festhältst. Dazu kannst du zunächst variieren, wie du die Socke hältst: Mal vor dir, mal rechts von dir, mal links von dir, mal höher, mal niedriger. Ziel am Ende ist, dass deine gelbe Socke auf dem Boden liegt und deine Hand nicht mehr daran ist.
   Der Rest bleibt unverändert: Du gibst das Signal für die „gelbe Socke“, dein Hund soll zur Socke gehen und wird dafür hochwertig belohnt.

4. Wenn dieser Schritt gut klappt und die Socke, egal wo sie ist (vor, hinter, neben dir ...) zuverlässig von deinem Hund angezeigt wird, nimm eine zweite Socke dazu. Lege beide Socken aus und lass deinen Hund mit dem Signal starten – geht er zur richtigen Socke: Perfekt. Belohne das.
   Wenn es nicht klappt – nicht schlimm! Vielleicht ist dein Hund einfach nur neugierig, was das neue Teil zu bedeuten hat. Nimm die Socken einfach nochmal weg und starte neu. Wenn es auch jetzt noch nicht sicher klappt, wiederhole einfach nochmal die vorherigen Schritte. Du kannst deinem Hund auch helfen, indem du die „richtige“ Socke ein Stück näher zu ihm auslegst als die „falsche“. Das solltest du allerdings in jedem Durchgang etwas abwandeln.

Achte darauf, dass du die Positionen der einzelnen Socken immer wieder veränderst, damit dein Hund nicht lernt, zeig mir die „linke Socke“. Wenn dein Hund die gelbe Socke erfolgreich anzeigt, kannst du dasselbe mit einer zweiten Farbe trainieren. Auch hier ist Fleißarbeit ist gefragt: Du wirst schon einige zigmal Wiederholung brauchen.

Nasentarget

Wir hatten bei der Sockenunterscheidung ja schon das Anstupsen mit der Nase. Wenn dein Hund die Socke nicht nur kurz anstupsen soll, sondern zuverlässig mit der Nase berühren und diese Berührung auch etwas halten soll, empfiehlt es sich, ein sogenanntes Nasentarget aufzubauen.

Dazu brauchst du die Targetblume aus dem Download (siehe unten) oder der Ausschneidevorlage oder alternativ ein Post-it, einen Kochlöffel, eine Fliegenklatsche oder einfach deine Hand. Die Blume kannst du natürlich auch auf den Kochlöffel kleben, so hast du eine Verlängerung. Quasi wie ein Targetstick.

1. Halte deinem Hund die Handfläche (oder die Blume/den Gegenstand) in einiger Entfernung hin. Dein Hund wird mit seinem Kopf zur Hand gehen und diese mit seiner Nase anstupsen (schon aus Neugierde). Diesen Moment darfst du nicht verpassen, sondern du markerst die Berührung und belohnst deinen Hund am besten aus deiner anderen Hand.
   Falls dein Hund überhaupt kein Interesse an deiner Hand bzw. dem Target hat, kannst du zu Beginn auch zwei oder drei Mal einen Keks zwischen deine Finger stecken, die er aus dem Fingerzwischenraum fressen darf. Dann lässt du den Keks weg, und wenn dein Hund nun zur Hand geht, um den Keks zu holen, markerst du wieder die Berührung und fütterst mit der anderen Hand. Alternativ kannst du auch nur etwas mit den Fingerspitzen wackeln, um die Aufmerksamkeit auf deine „Stupshand" zu lenken.

2. Wenn dies einige Male gut geklappt hat (mind. 8 von 10 Malen), kannst du ein Wortsignal (z. B. Hand, Touch, Stups, ...) für dieses Verhalten einführen.
   Zur Einführung des Signals: Du sagst dein Signal (z. B. Hand / Stups, ...), danach präsentierst du deinem Hund die Hand oder den Gegenstand. Dein Hund geht mit seiner Schnauze zur Hand und stupst sie mit der Nase an. Dieser Moment wird gemarkert und belohnt.

Wenn das gut klappt, kannst du zwischendrin die Hände wechseln oder anstelle der Vorderseite auch mal die Rückseite deines Targets oder unterschiedliche Gegenstände präsentieren.

Die Targetblume kannst du natürlich nun auch in eine Blumenvase stecken und deinen Hund dort zum Anstupsen hinschicken.

Lade dir die Vorlage für die Targetblume herunter, drucke und male sie bunt aus, schneide sie aus und klebe sie auf ein Stück feste Pappe. Fertig ist dein Nasentarget!

Hier findest du die Blume fürs Nasentarget:
www.hundebuchshop.com/Download-Targetblume.pdf
Alternativ findest du die Ausschneidevorlage auf S. 83.

CHALLENGE-BLOCK 2

Gut betucht

Im nächsten Challenge-Block geht es rund um Tücher – wahrscheinlich hast du alles davon schon zuhause, und ansonsten lohnt sich ein Abstecher in die „Putzabteilung" der nächsten Drogerie.

Das Rezept: Einfache Gegenstände ergeben eine tolle Challenge für dich und deinen Hund.

WAS DU BRAUCHST:

- 5 verschiedene Tücher (entweder andere Größe oder andere Farbe)
- Futterbelohnungen, ggf. Clicker

WAS DEIN HUND KÖNNEN MUSS:

- Markersignal ist von Vorteil
- Dein Hund sollte vier unterschiedliche Verhalten können (Sitz, Platz, Steh, Drehen ...)
- Nützlich ist es, wenn dein Hund schon Dinge ins Maul nimmt
- Nasentarget

Challenge 1: Tuch als Sitztarget

Oberste und wichtigste Spielregel: Der Hund bekommt *kein Signal!* Er bekommt auch keinen Tipp und *kein Handzeichen* zur Hilfe, sondern er soll und muss selber denken!

Du beginnt mit dem ersten Tuch (du legst hier schon die Farbe für das erste Verhalten fest!) und am besten mit der Grundposition „Sitz“: Das ist relativ einfach und die meisten Hunde lernen diesen Schritt sehr schnell.

1. Du legst das Tuch auf dem Boden, führst deinen Hund hin und deutest bei Bedarf *nur mit dem Zeigefinger* auf das Tuch, sodass er sich draufgestellt. Du gibst ihm kein Signal und auch kein Handzeichen für Sitz, nur den Zeigefinger, der den Hund auf das Tuch schickt, aber ohne Angabe des Verhaltens für den Hund. Deine „Schickhand“ ist nun auch wieder weg. Die war nur zur Unterstützung gedacht, damit der Hund auf das Tuch geht. Nun wartest du, bis der Hund auf dem Tuch ist und sich vielleicht sogar schon von alleine hinsetzt. Dies wird dann sofort hochwertig belohnt. Dann schickst du deinen Hund mit Hilfe eines weggekullerten Kekses wieder runter von dem Tuch und wiederholst diesen Schritt ein paar Mal.
   Falls dein Hund so gar keine Idee hat, dass er sich auf das Tuch setzen soll, kannst du ihm auch die ersten Male helfen, indem er sein bekanntes Sitzsignal bekommt, sobald er auf dem Tuch steht. Aber bitte sage das Signal wirklich nur ein paar Durchgänge lang – dann sollte der Hund die Idee haben, was er auf dem Tuch tun soll. Wir möchten hier ja erreichen, dass der Hund mitdenkt und nicht nur Verhalten ausführt.

2. Wiederhole Schritt 1 so oft, bis dein Hund am Ende zielsicher auf das Tuch läuft und das gewünschte Verhalten „Sitz“ zeigt – egal, wo du das Tuch hinlegst.

Nimm dir ausreichend Zeit beim Aufbau, dieses Verhalten sollte dein Hund gut beherrschen.

Merke dir gut, welches Tuch du für welches Verhalten hast.

Du kannst dir auch hier notieren:

Tuchfarbe: ______________________________

Verhalten: Sitz

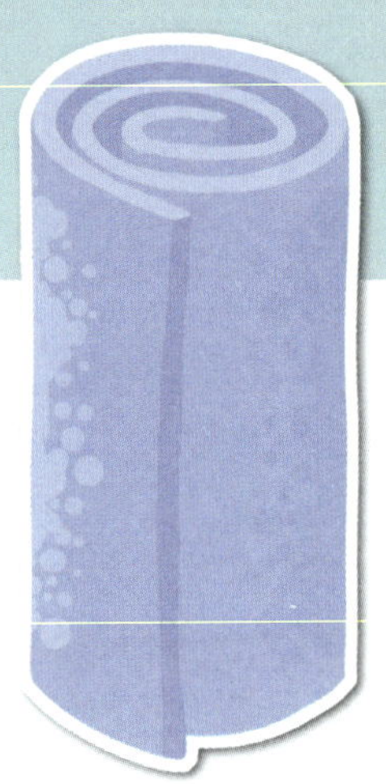

Challenge 2: Tuch als Stehtarget

Oberste und wichtigste Spielregel: der Hund bekommt auch hier *kein Signal*! Er bekommt auch keinen Tipp und *kein Handzeichen* zur Hilfe, er soll und muss selber denken!

Du hast ja bereits ein Tuch fürs Sitzen aufgebaut, dann kommt jetzt Tuch Nummer 2 für Steh. Dazu brauchst du wieder ein Tuch in einer anderen Optik.

1. Du legst das Tuch auf den Boden, führst deinen Hund hin und deutest bei Bedarf *nur mit dem Zeigefinger* auf das Tuch. Du gibst deinem Hund kein Signal und auch kein Handzeichen, wieder nur den Zeigefinger, der den Hund auf das Tuch schickt. Nun wartest du, bis der Hund auf dem Tuch ist. Da dein Hund ja dann schon auf dem Tuch steht, belohnst du dieses Verhalten sofort sehr hochwertig. Dein Hund hat ja zuvor gelernt, sich auf das Tuch zu setzen, jetzt möchten wir aber, dass er steht. Also warte nicht zu lange, damit er sich gar nicht erst hinsetzen kann! Dann schickst du ihn mit Hilfe eines weggekullerten Kekses wieder runter von dem Tuch und wiederholst diesen Schritt ein Paar Mal.

2. Wiederhole Schritt 1 so oft, bis dein Hund am Ende zielsicher auf das Tuch läuft und das gewünschte Verhalten „Steh" zeigt, egal, wo du das Tuch hinlegst. Am besten bist du vor allem zu Beginn immer schneller, als sich dein Hund setzen kann. Hier ist unser Marker Gold wert.

Nimm dir ausreichend Zeit beim Aufbau, dieses Verhalten sollte dein Hund gut beherrschen.

Merke dir gut, welches Tuch du für welches Verhalten hast.

Du kannst dir auch hier notieren:

Tuchfarbe: ______________________________

Verhalten: Steh

Challenge 3: Tuch als Platztarget

Oberste und wichtigste Spielregel: der Hund bekommt *kein Signal*! Er bekommt auch keinen Tipp und *kein Handzeichen* zur Hilfe, er soll und muss selber denken!

Du hast ja mittlerweile bereits zwei Tücher aufgebaut. Eines für Sitzen und eines für Stehen – dann kommt jetzt Tuch Nummer 3 für Platz dazu. Hierfür benötigen wir wieder ein Tuch in einer anderen Optik.

1. Du legst das Tuch auf dem Boden, führst deinen Hund hin und deutest bei Bedarf *nur mit dem Zeigefinger* auf das Tuch. Du gibst deinem Hund kein Signal und auch kein Handzeichen, wieder nur den Zeigefinger, der den Hund auf das Tuch schickt. Nun wartest du, bis der Hund auf dem Tuch ist. Da dein Hund ja schon gelernt hat auf dem Tuch zu sitzen oder zu stehen, wird er jetzt höchstwahrscheinlich auch eines von diesen beiden Verhalten zeigen. Warte einfach kommentarlos ab, ob er noch auf eine andere Idee kommt. Du brauchst auch kein „Nein" oder ähnliches geben, denn letztendlich ist „keine Belohnung bekommen" auch genügend Information für deinen Hund.
   Falls dein Hund so gar keine Idee hat, dass er sich auf dem Tuch plötzlich hinlegen soll, kannst du ihm auch die ersten Male helfen, indem er das Platzsignal bekommt, sobald er auf dem Tuch ist. Aber mache das wirklich nur ein paar Durchgänge lang, dann sollte der Hund die Idee haben, was er auf dem Tuch tun soll. Wir möchten hier ja erreichen, dass der Hund mitdenkt und nicht nur Verhalten ausführt. Es wird für den Hund immer schwerer – denn der einzige Unterschied in dieser Challenge sind gerade nur die unterschiedlichen Tücher. Dann schickst du deinen Hund mit Hilfe eines weggekullerten Kekses wieder runter von dem Tuch und wiederholst diesen Schritt ein paar Mal.

2. Wiederhole Schritt 1 so oft, bis dein Hund am Ende zielsicher auf das Tuch läuft und das gewünschte Verhalten „Platz" zeigt, egal, wo du das Tuch hinlegst.

Nimm dir ausreichend Zeit beim Aufbau, dieses Verhalten sollte dein Hund gut beherrschen.

Merke dir gut, welches Tuch du für welches Verhalten hast.

Du kannst dir auch hier notieren:

Tuchfarbe: ______________________________

Verhalten: Platz

Challenge 4: Tuch für einen Trick (z. B. Drehen, Diener, Winken …)

Oberste und wichtigste Spielregel: der Hund bekommt *kein Signal*! Er bekommt auch keinen Tipp und *kein Handzeichen* zur Hilfe, er soll und muss selber denken!

Du beginnst mit dem nächsten Tuch (wir brauchen wieder ein Tuch in einer anderen Optik). Mittlerweile bist du ja schon Profi im Ablauf.

1. Du legst das Tuch auf den Boden, führst deinen Hund hin und deutest bei Bedarf *nur mit dem Zeigefinger* auf das Tuch. Du gibst ihm kein Signal und auch kein Handzeichen, nur den Zeigefinger, der ihn auf das Tuch schickt. Nun wartest du, bis dein Hund auf dem Tuch ist und gibst ihm sofort ein Signal für den Trick, den er dort ausführen soll. Dies sollte natürlich ein Trick sein, den er schon gut auf Signal beherrscht, z. B. Pfote geben, Winken, Diener oder was auch immer. Falls dein Hund noch gar keinen Trick kann, findest du eine Anleitung für „Pfote geben“ auf S. 40. Dies wird dann sofort hochwertig belohnt. Dann schickst du deinen Hund mit Hilfe eines weggekullerten Kekses wieder runter von dem Tuch und wiederholst diesen Schritt ein paar Mal.
   Denk daran, dass du auch hier wieder dein Signal wirklich nur ein paar Durchgänge lang sagst, dann sollte der Hund die Idee haben, was er auf dem neuen Tuch tun soll. Wir möchten hier ja erreichen, dass er mitdenkt und nicht nur Verhalten ausführt.

2. Wiederhole Schritt 1 so oft, bis dein Hund am Ende zielsicher auf das Tuch läuft und das gewünschte Verhalten zeigt, egal, wo du das Tuch hinlegst.

Nimm dir ausreichend Zeit beim Aufbau, dieses Verhalten sollte dein Hund gut beherrschen.

Merke dir gut, welches Tuch du für welches Verhalten hast.

Du kannst dir auch hier notieren:

Tuchfarbe: ______________________________

Trick: ______________________________

Challenge 5: Jetzt wird es tricky:

Alle vier Tücher werden hingelegt und der Hund ordnet auf Sichtsignal das richtige Verhalten dem richtigen Tuch zu

Wenn dein Hund jetzt alle vier Tücher beherrscht, kann es losgehen mit dem Positionsspiel der besonderen Art.

Beginne zuerst nur mit zwei Tüchern. Suche dir zwei Tücher aus, lege sie mit einem Abstand von etwa anderthalb Metern auf den Boden und schicke deinen Hund mit Handgeste auf das jeweilige Tuch, das du „abfragen" möchtest und er soll dort das jeweilige Verhalten zeigen. Denk daran: Kein Signal und keine Hilfsgesten für das Verhalten! Die Geste diente lediglich dem Richtungsweisen zum gewünschten Tuch.

Wenn das gut klappt, kannst du das Ganze steigern und du nimmst Tuch Nummer drei mit ins Spiel. Somit habt ihr drei Tücher pro Durchgang. Du schickst deinen Hund mit dem Zeigefinger wieder auf ein Tuch und wartest, ob er das passende Verhalten darauf zeigt. Wenn der Hund die Verhaltensweisen bei den drei Tüchern richtig zeigen kann, könnt ihr das vierte Tuch dazunehmen und mit vier Tüchern spielen.

Macht der Hund einen Fehler, nimm ihn einfach kommentarlos vom Tuch weg und setze einfach nochmal neu an. Fehler sind gut, denn nur durch Fehler können wir lernen!

Denk daran: Dieses Spiel hat es echt in sich, denn dein Hund muss die jeweiligen Verhaltensweisen nur anhand der Tücher richtig zuordnen.

Challenge 6: Abschiedsgruß – Tuch in Schnauze und damit winken

Auch hierfür benötigen wir wieder ein Tuch. Nimm bitte ein ganz anderes als bei den Positionsspielen von eben, sonst verwirrst du deinen Hund.

1. Dein Hund kann ja schon Sachen ins Maul nehmen (siehe Socken-Challenge). Nun zeigst du ihm, dass er ein Tuch in die Schnauze nehmen und festhalten soll. Dazu arbeiten wir an der Dauer, das heißt, wir zögern die Belohnung immer ein bisschen weiter hinaus. Erst wird dein Hund sofort für das Halten des Tuches belohnt, dann wartest du eine halbe Sekunde, dann eine ganze, dann zwei ... du baust das Halten langsam, aber sicher weiter aus.

2. Wenn dein Hund das Tuch in der Schnauze hält, frag doch mal ein Sitz ab. Kann sich dein Hund mit Tuch in der Schnauze hinsetzen?

3. Wenn dein Hund mit Tuch in der Schnauze sitzen kann, wird es Zeit, an dem Winken (Kopfnicken) zu arbeiten. Du hast ja bereits an Ende der Sockenchallenge den Nasentarget gelernt – den brauchen wir jetzt.

4. Du kannst zuerst ohne Tuch im Fang beginnen. Dein Hund sitzt vor dir und du lässt dir abwechselnd ein Nasentarget über Kopfhöhe geben und fütterst dann aber auf Brusthöhe deines Hundes – so bekommst du die Nickbewegung. Er gibt oben den Nasenstups und erwartet unten Futter – und schon nickt dein Hund.

5. Nun bauen wir das Nicken mit dem Halten des Tuches zusammen und schon kann dein Hund zum Abschied mit einem Tuch winken.

Hier findest Du ein Video zum Nasenstups:
www.hundebuchshop.com/Nasenstups-Nicken.htm

Targets

Dein Hund lernt beim Targettraining (Target = Englisch „Ziel") mit seiner Pfote, Nase, seinem Kinn oder auch sonstigen denkbaren Körperteilen ein von dir festgelegtes Ziel zu berühren und je nach Trainingsziel auch dort länger zu bleiben, bis ein Auflösesignal ertönt. Du erinnerst dich: Du zeigst deinem Hund deine Hand = seine Nase berührt deine Hand und „klebt" sogar daran.

Es kann auch ein bestimmtes Zielobjekt sein, auf das du zeigst. In den vorangegangenen Challenges ging es um bunte Tücher, die als Target für den Hund bestimmtes Verhalten voraussagen.

Ein sehr bekanntes Target, das häufig gar nicht so bewusst als solches wahrgenommen wird, ist das Pfotegeben: Dein Hund gibt seine Pfote in deine Hand (deine Hand ist das Ziel / Target). Die meisten Hunde haben großen Spaß dabei, die verschiedenen Aufgaben zu erfüllen und verbessern so gleichzeitig ihre Geschicklichkeit bei den Übungen.

Hier noch ein paar grundlegende Targets – die ein oder anderen werden wir auch noch in den weiteren Challenges brauchen und uns ausführlicher anschauen:

- Pfotentarget: Dein Hund steht mit einer bestimmten Anzahl an Pfoten auf dem jeweiligen Target. z. B. Sitzhocker: Dein Hund steht mit seinen Vorderpfoten darauf, Matte = dein Hund geht mit allen vier Pfoten darauf
- Kinntarget: Dein Hund legt sein Kinn auf einen Gegenstand oder in deine Handfläche
- Nasentarget: Dein Hund berührt mit seiner Nase deine Hand oder einen beliebig anderen Gegenstand
- Körpertarget: Dein Hund lehnt zum Beispiel seine Schulter an dein Knie
- Looktarget / Blickkontakt halten: Dein Hund schaut dir in die Augen oder auch auf einen bestimmten Gegenstand

Challenge-Block 3

„An die Töpfe – fertig – los“

Bei den nächsten Challenges geht es rund um Töpfe. Alles, was du für diese Aufgaben brauchst, hast du bereits in deiner Küche!

Auch hier gilt: Ein Gegenstand ergibt eine tolle Challenge für dich und deinen Hund.

Was du brauchst:

- Zwei Töpfe (davon sollte einer so groß sein, dass dein Hund seine Vorderpfoten bequem daraufstellen kann, evtl. eine Pfanne)
- Nasentarget – falls du das über Post-it oder ähnliches aufgebaut hast (s. S. 16)
- Evtl. Topfuntersetzer oder Antirutschmatte
- Ein Gegenstand zum Apportieren
- Futterbelohnungen, ggf. Clicker

Was dein Hund können muss:

- Markersignal ist von Vorteil
- Nasentarget
- Nützlich ist es, wenn dein Hund schon Dinge ins Maul nimmt

Challenge 1: Umrunden

Hierfür brauchst du einen Topf. Eigentlich sind die Größe und Höhe des Topfes egal, es kann leichter sein, wenn der Topf größer ist, weil er so von deinem Hund besser wahrgenommen werden kann.

1. Stelle den Topf in ca. einem Meter Entfernung von euch auf.
2. Positioniere deinen Hund links von dir.
3. Nimm eine Belohnung für deinen Hund in deine rechte Hand.
4. Locke deinen Hund nun mit deiner „Kekshand" im Uhrzeigersinn um den Topf. Wenn dein Hund den Topf umrundet hat, weil er deiner Kekshand gefolgt ist, bekommt er selbstverständlich auch die Belohnung.
5. Wiederhole Schritt 4 einige Male.

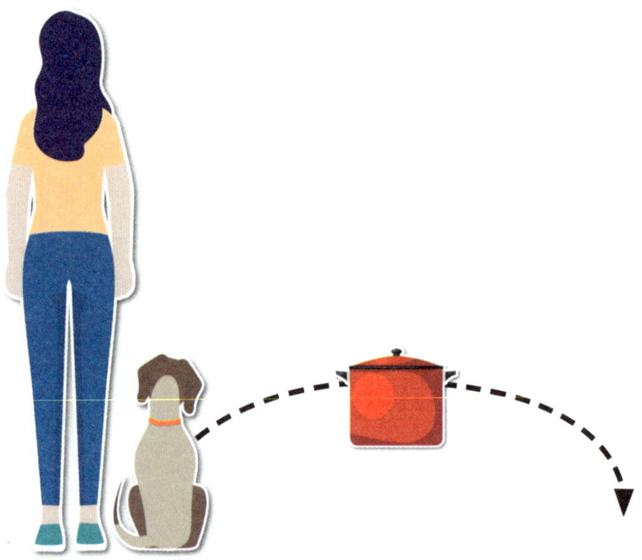

6. Nun lockst du deinen Hund ohne Kekse – nur mit der leeren Hand um den Topf. Natürlich wird er wieder belohnt.
7. Wenn dein Hund zielsicher deiner Hand hinterherläuft, kannst du beginnen, deine Zeigebewegung (Lockreiz) immer etwas kleiner werden zu lassen. Hier kannst du dann auch damit beginnen, dein Signal fürs Umrunden zu geben.
   Du führst nun quasi deinen Hund nicht mehr ganz um den Topf, sondern nur noch zu drei Vierteln, dann zur Hälfte und irgendwann brauchst du ihn nur noch zu Beginn das Signal für Umrunden sagen und er läuft um den Gegenstand.
8. Du kannst natürlich auch immer wieder den Abstand variieren und verschiedene Gegenstände umrunden lassen. Natürlich kannst du das Ganze auch noch in die andere Richtung aufbauen.

Challenge 2: Vorderpfoten hoch

Auch hier brauchst du wieder einen Topf. Der Topf sollte so im Durchmesser so groß sein, dass dein Hund seine Vorderpfoten bequem draufstellen kann. Gut geeignet ist auch eine Pfanne.

Dein Hund wird jetzt ein Vorderpfotentarget lernen. Er soll seine Vorderpfoten auf den Topf stellen (dafür drehen wir den Topf um) und am besten in dieser Position bleiben. Das ist ein schönes Stationstraining und gleichzeitig auch noch ein bisschen Fitnesstraining für deinen Hund.

Falls dein Hund Schwierigkeiten hat, aufgrund der Materialbeschaffenheit auf dem Topf stehen zu bleiben, lege gerne einen passenden Topfuntersetzer auf den Topfboden. Falls der Topf am Boden rutschen sollte, lege gerne eine Antirutschmatte drunter. Dein Hund sollte sicher arbeiten können und auch keine Angst bekommen.

1. Stelle den Topf mit der Öffnung nach unten auf den Boden (Antirutschmatte oder Teppich nicht vergessen).

2. Stelle dich gut in Position, so, wie es dir leichter fällt, mit deinem Hund zu arbeiten, z. B. seitlich oder gegenüber. Locke ihn nun langsam mit Keksen in deiner Hand auf den Topf. Sei behutsam, denn er soll den Topf nicht überspringen, sondern seine Vorderpfoten draufstellen. Beginne am besten mit einem großen Topf oder sogar mit einer Pfanne. Er soll seine Vorderbeine beide am Topf haben. Wenn dein Hund beide Pfoten auf dem Boden des Topfes / der Pfanne hat, belohne ihn sehr großzügig. Gib ihm gerne fünf, sechs oder sieben Kekse hintereinander. Er soll merken, dass das, was er gerade macht, supertoll ist und sich lohnt.
   Es ist für den Hund einfacher auf eine Erhöhung zu steigen, als auf ein flaches „Bodentarget" – da die meisten Hunde einen Gegenstand besser zum Hochsteigen wahrnehmen als eine flache Ebene.

3. Locke deinen Hund wieder von dem Topf runter und starte erneut mit Schritt 2.

4. Wenn du Schritt 2 einige Male wiederholt hast, wirst du merken, dass dein Hund schon von allein in Richtung Topf läuft und seine Pfoten draufstellt. Prima.

5. Dann kannst du jetzt anfangen, ein Signal für das Verhalten zu etablieren.

Challenge 3: Elefantentrick

Hier wird dein Hund lernen, seine Vorderpfoten auf dem Topf als Podest stehen zu lassen und seine hinteren Pfoten um den Topf herum zu bewegen.

Der Elefantentrick (der heißt so, weil diesen Trick früher häufig Elefanten im Zirkus gezeigt haben) sieht nicht nur niedlich aus, sondern ist auch toll für Koordination, Konzentration, Ruhe, Hinterhandmuskulatur und verbessert im Allgemeinen die Körperwahrnehmung. Starte zu Beginn immer in die gleiche Richtung, so ist es einfacher, den Bewegungsablauf zu erlernen. Langfristig und um den Hund ganzheitlich zu gymnastizieren sind beide Seiten (rechtsherum und linksherum) natürlich super.

1. Füttere am besten zu Beginn deinen Hund nochmal ein Paar Mal auf dem Topf, mit den Vorderpfoten draufstehend, „fest". Dazu gibst du mehrere Belohnungen schnell hintereinander – der Hund soll nicht auf die Idee kommen, abzusteigen.

2. Jetzt bringst du deinen Hund so in Position, dass er genau gegenüber von dir steht. Belohne ihn wieder.

3. Versuche, deinen Hund durch kleine, seitliche Schritte (kreisförmig zum Topf) dazu zu animieren, dass er sich mitdreht. Manchmal klappt es einfach darum, weil der Hund dich und seine Belohnung nicht aus dem Auge verlieren möchte. Achte besonders auf die Hinterbeine deines Hundes. Sobald diese nur einen kleinen Ansatz zeigen, sich mitzudrehen, gibt es sofort das Markersignal und Futter.

4. Alternativ kannst du auch versuchen, durch geschicktes Locken (seitwärts) deinen Hund dazu zu bringen, dem Futter zu folgen und sich somit seitlich zu bewegen. Auch hier: Achte auf die Hinterhand. Die erste kleine Seitwärtsbewegung muss bestätigt werden.

5. Arbeite dich – im wahrsten Sinne des Wortes – Schritt für Schritt voran. Du belohnst zuallererst das kleinste Zucken der Hinterpfote bis zum Schritt, daraus werden dann zwei Schritte, drei Schritte, ein Viertelkreis, ein Halbkreis ... bis es dein Hund schafft, eine ganze Runde mitzudrehen. Alternativ, wenn dein Hund das Nasentarget gut kennt, kannst du auch über das Nasentarget statt mit Futter locken.

6. Schafft es dein Hund, sich eine ganze Runde mitzudrehen? Super! Wenn du mehr möchtest, kannst du versuchen, deine eigene Bewegung zurückzunehmen, sodass sich dein Hund ohne dein Mitlaufen dreht. Für den Elefantentrick kannst du wieder ein Signal einführen.

Hier findest Du ein Video zum Elefantentrick:
www.hundebuchshop.com/Elefantentrick.htm

Challenge 4: Acht um zwei Töpfe

Nun brauchst du zwei Töpfe. Es kann sein, dass dein Hund, wenn du vorher viel Vorderpfotentarget oder Elefantentrick geübt hast, zielstrebig auf die Töpfe geht. Das kannst du gut unterbinden, indem du entweder die Töpfe andersherum stellst oder ihn gleich dafür belohnst, dass er bei dir bleibt.

1. Stelle die Töpfe in einem passenden Abstand für deinen Hund auf. Dein Hund sollte bequem durch die Töpfe passen (ca. 1 – 1,5 m sollten ausreichen).

2. Positioniere dich mittig zwischen den zwei Töpfen und habe deinen Hund seitlich links neben dir.

3. Nimm gerne schon in beide Händen Belohnungen. Nun lockst du deinen Hund wie beim Umrunden mit deiner rechten Hand um den rechten Topf.

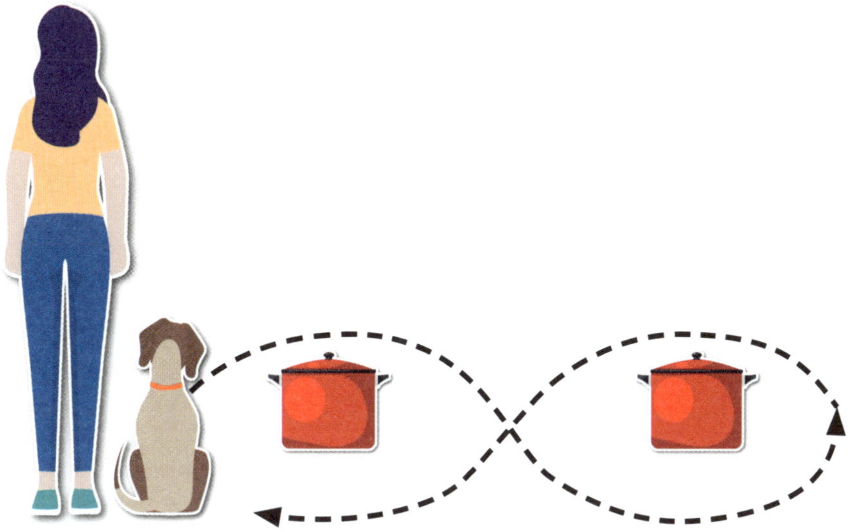

   Wenn dein Hund dann seitlich rechts neben dir angekommen ist, bekommt er seine erste Belohnung und dann lockst du ihn mit deiner linken Hand um den linken Topf.

4. Dies wiederholst du mehrere Male. Du wirst sehen, dein Hund wird immer flüssiger und zügiger die Acht laufen, je öfter du dies machst.
   Denk daran, dass du deine Kekse mit der Zeit aus der Lockhand nimmst und nur mit der leeren Hand die Richtung zeigst.

5. Zum Ende kannst du auch diesem Verhalten ein Signal geben.

Challenge 5: In den Topf schauen

Hier brauchen wir einen Topf (so groß, dass der Kopf deines Hundes reinpasst). Dein Hund wird zum Topfgucker!

Stelle den Topf auf den Boden und lege einen Keks rein. Dein Hund wird den Keks aus dem Topf fressen.

1. Wiederhole Schritt 1 mehrere Male. Dein Hund soll die Erwartung haben, dass in dem Topf Kekse sind.
2. Du tust so, als ob du Kekse in den Topf legst – dein Hund wird wieder nachschauen. In dem Moment, wo er in den Topf schaut, kommt dein Marker und du gibst einen Keks in den Topf. Dein Hund wird wahrscheinlich wieder in den Topf schauen oder gleich mit dem Kopf im Topf bleiben – das ist klasse, denn das kannst du gleich wieder markern und belohnen.
3. Diesen Schritt wiederholst du mehrere Male.
4. Danach wird dein Hund zuverlässig in den Topf schauen wollen – dann ist es Zeit für den Aufbau des Wortsignals.

Challenge 6: Etwas in den Topf bringen

Von Vorteil ist es hier, dass dein Hund schon Gegenstände bringen kann. Suche dir einen Gegenstand, den dein Hund in den Topf bringen soll.

1. Lasse den Gegenstand, den dein Hund in den Topf legen soll, als Warm-up einige Male von deinem Hund apportieren.

2. Gut ist es, wenn dein Hund auf das Signal „Aus“ den Gegenstand fallen lässt, so kann man zielgerichtet den Gegenstand fallen lassen.

3. Stelle den Topf bereit. Lasse deinen Hund den Gegenstand bringen. Nimm nun den Topf in die Hand und versuche, ob dein Hund den Gegenstand in den Topf fallen lässt. Hier kannst du ein bisschen nachhelfen, indem du den Topf nachjustierst, sodass dein Hund den Topf gut treffen kann.

4. Wenn dein Hund den Gegenstand (oder vielleicht auch verschiedene Gegenstände) in den Topf bringen kann, kannst du dein Signal für „Aufräumen“ aufbauen.

Weiterführende Idee:

Wenn du Spaß an der „Ein- bzw. Aufräumübung“ hast – kannst du beliebige Dinge in Kisten, Dosen, Schachteln sortieren lassen. Und als Mega-Challenge kannst du entweder Stapelbecher (Kinderbedarf) ineinander einräumen lassen oder auch Münzen in Sparschweine oder Briefe in Postkästen (s. S. 72). Oder du spielst „Vier gewinnt“ gegen deinen Hund! Halte am besten beim nächsten Stadtbummel die Augen im Kinderspielzeugladen offen.

Leckerchen Top-Ten

Jetzt hast du ja schon einige Challenges mit deinem Hund trainiert und ausprobiert. Wahrscheinlich hast du auch schon Unmengen an Keksen für das Training mit deinem Hund verfüttert. Hast du denn schonmal überlegt, welche Belohnungen dein Hund am liebsten mag? Was sind denn Highlights für deinen Hund, die er wirklich richtig gut findet?

Schreib dir hier doch mal eine „Top-Ten-Liste“ an Belohnungen, abgestuft nach Beliebtheit.

1. ______________________________
2. ______________________________
3. ______________________________
4. ______________________________
5. ______________________________
6. ______________________________
7. ______________________________
8. ______________________________
9. ______________________________
10. ______________________________

Auf Top 1 steht quasi der Jackpot – also die absolute super-duper-mega-lecker-Belohnung.

Diese Erkenntnis kannst du dir gut fürs Training zu Nutze machen. Denn jetzt kannst du deinen Hund für tolle Ausführung eines Verhaltens mit einer hochwertigen Belohnung (Top 3 – 1) belohnen und für gute Ausführung, die aber z. B. noch etwas schneller hätte ausgeführt werden können, mit der Durchschnittsbelohnung Top 6 – 4.

Challenge-Block 4

Fußarbeit mal anders

Bei den nächsten Challenges geht es rund um deine Füße und Beine. Hast du dir schon mal überlegt, wie viele Tricks du mit deinem Hund nur mit deinem Körper machen kannst?

Sei gespannt, was alleine mit deinem Unterkörper alles möglich ist. Ihr werdet mit beiden Beinen fest im Trickleben stehen – und es ist noch viel mehr möglich. Vielleicht kommst du ja auch noch auf weitere tolle Ideen. Teile sie in der Community auf der Facebookseite oder in deinem Channel mit dem **#doggychallenges**

Was du brauchst:

- Dich und deinen Hund
- Futterbelohnungen, ggf. Clicker

Was dein Hund können muss:

- Markersignal ist von Vorteil
- Nützlich ist es, wenn dein Hund in einer Position warten, Sitz und Pfote geben kann.

Challenge 1: Einparken

Dein Hund soll rückwärts zwischen deinen Beinen einparken.

1. Du stehst leicht gegrätscht deinem Hund gegenüber. Dein Hund steht mit seinem Kopf zu dir. Nun nimmst du ein Leckerchen in die Hand und lockst deinen Hund in eine halbe Drehung (rechts- oder linksherum – das kannst du gerne testen, welche Seite deinem Hund leichter fällt. Auch Hunde haben eine Schokoladenseite.) Wenn dein Hund dann mit seinem Po zu dir steht (nach der halben Drehung), schiebst du ihn mit Hilfe der Lockhand (da, wo du deinen Hundekeks hältst) leicht nach hinten, sodass er zwischen deinen Beinen steht. Achte darauf, dass du beim Zurücklocken deine Kekshand nicht zu hoch nimmst, sonst wird sich dein Hund eher hinsetzen als zurückzugehen.
   Wenn du möchtest, kannst du jetzt deinen Hund noch zwischen deinen Beinen sitzen lassen, oder er bleibt stehen – je nach Wünschen von dir.

2. Wiederhole Schritt 1 so lange, bis dein Hund den Bewegungsablauf flüssig zeigen kann.

3. Nun wiederholst du den vorherigen Schritt ohne Leckerchen in der Hand. Die Belohnung erfolgt dann erst in der Endposition zwischen deinen Beinen.

4. Wiederhole die Übung und lass deine Lockbewegung als Hilfestellung immer etwas weniger / kleiner werden. Zu Beginn wirst du ja den ganzen Bewegungsablauf führen. Nun kannst du versuchen, von Durchgang zu Durchgang deine Führhand auszuschleichen.

5. Wenn dein Hund den Bewegungsablauf verinnerlicht hat und das Verhalten zuverlässig zeigt, ist es an der Zeit, das Wortsignal einzuführen. Dazu gibst du dein Wortsignal kurz bevor du die Lockbewegung zum Beginnen des Tricks gibst.

Hier findest du ein Video
www.hundebuchshop.com/Einparken.htm

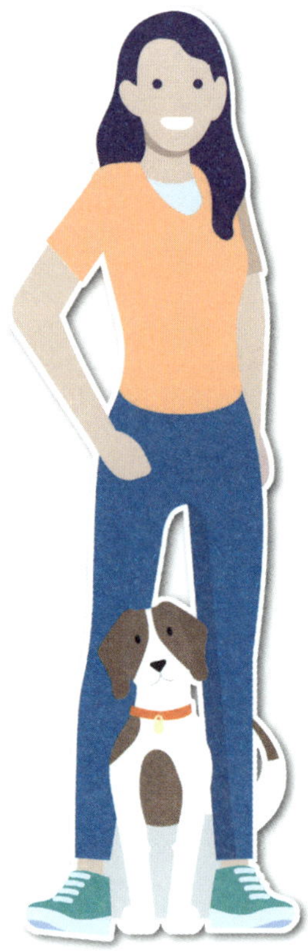

Challenge 2: Acht

Wir hatten ja bereits eine „Acht“ um zwei Gegenstände laufen, hier geht es jetzt um diesen Bewegungsablauf um deine Beine.

1. Positioniere deinen Hund mittig zwischen deinen Beinen (das sollte ja dank „Einparken“ schon ganz einfach gehen). Am besten nimmst du in jede Hand ein Leckerchen.

2. Verlagere dein Gewicht auffällig auf rechts und locke dann deinen Hund um dein rechtes Bein. Dazu führst du deine Hand mit dem Keks einfach so geschickt um dein Bein, dass dein Hund gut folgen kann. Wenn dein Hund um dein Bein gelaufen ist, stellst du dich wieder mit dem Gewicht auf beide Beine und belohnst ihn.

3. Nun machen wir das gleiche zur anderen Seite. Du verlagerst dein Gewicht auf dein linkes Bein und lockst deinen Hund um das leicht ausgestellte Bein.
   Die Gewichtsverlagerung hat den Vorteil, dass du später deinem Hund helfen kannst, um welches Bein er laufen soll. Er kann sich an deiner Muskelspannung orientieren.

4. Wiederhole Schritt 2 und 3 mehrmals, bis dein Hund die Bewegung verinnerlicht hat. Dann wiederholst du die gleichen Schritte, nur ohne Leckerchen in der Hand, das heißt du lockst deinen Hund mit der leeren Hand um deine Beine. Vergiss nicht die Gewichtsverlagerung als Sichtsignal für deinen Hund.

5. Dein Hund wird von Wiederholung zu Wiederholung immer flüssiger um deine Beine laufen. Nun kannst du beginnen, deine Führhand immer weniger zur Unterstützung einzusetzen.

6. Wenn dein Hund ohne viel Unterstützung von dir und deiner Führhilfe die Acht laufen kann, kannst du dein Signal einführen.
   Dazu parkst du deinen Hund in Ausgangsposition, sagst dein Signal für die „Acht“ und beginnst dann mit deiner ersten Gewichtsverlagerung deines Beines und je nach Hilfe unterstützt du noch mit deiner Führhand.

Jetzt kannst du „Einparken“ und „Acht“ schön kombinieren. Du kannst auch die Häufigkeit der Achter variieren oder du lässt deinen Hund mal nur um dein rechtes Bein laufen – vielleicht auch zwei oder drei Mal um das gleiche Bein. Das kann man auch wunderbar unterwegs beim Spaziergang machen.

Challenge 3: Halt mich

Dein Hund wird lernen, dein Bein mit seiner Pfote zu umarmen.

Wenn dein Hund noch keine Pfote geben kann, dann übe dies zuerst. Die Anleitung findest du auf S. 40.

1. Du positionierst deinen Hund rechts neben dir. Er sollte sich rechts neben dir hinsetzen.
2. Du überkreuzt im Stehen dein linkes Bein vor dein rechtes (das wird später auch das Sichtsignal zum Auslösen des Tricks). In dieser Position lässt du deinen Hund auf der Höhe deines Schienbeines seine rechte Pfote geben. Du belohnst ihn anschließend und stellst dich dann wieder gerade hin.
3. Diesen Schritt wiederholst du einige Male.
4. Dann kannst du damit beginnen, dass deine Hand zur Aufforderung der Pfote immer etwas weniger auffällig ist – die Unterstützung des Pfotegebens durch deine Hand wird schrittweise abgebaut. Du kannst hierfür deine Hand nur noch kurz zur Aufforderung auf dein Bein legen oder du nimmst nur noch einige Finger und nicht mehr die ganze Hand. Hier musst du individuell entscheiden, wieviel Hilfe dein Hund in welchem Schritt benötigt.
5. Wenn dein Hund ganz ohne deine Hand die Pfote auf dein Schienbein legt, ist es wieder Zeit für das Signal.
   Du bleibst gerade stehen, sagst dein Signal für „Halt mich“ und dann kreuzt du deine Beine und dein Hund wird seine Pfote auf dein linkes Schienbein legen und „dich halten“.

Wenn dein Hund die erste Seite gut kann, kannst du die linke Seite genauso aufbauen.

Weiterführende Ideen:

Du kannst „Halt mich“ gut in den „Achten“ einbauen. Dazu stoppst du deinen Hund einfach neben dir, lässt dich kurz von ihm halten und schickst ihn dann weiter. Dies erfordert eine Menge Konzentration, Kooperation und Signalverständnis von Seiten deines Hundes.

Hier findest du ein Video
www.hundebuchshop.com/Halt-mich.htm

Challenge 4: Auf deinen Füßen stehen

Hier parkt dein Hund zuerst zwischen deinen Beinen ein und stellt sich dann mit seinen Vorderpfoten auf deine Füße. Du brauchst zu Beginn ein klein wenig akrobatische Fähigkeiten (Gleichgewicht und Beweglichkeit).

1. Das „Einparken" könnt ihr ja bereits. Wenn dein Hund zwischen deinen Beinen steht, drehst du zuallererst deine Füße etwas nach innen. Dies ist für dich etwas unbequemer, aber für deinen Hund einfacher und angenehmer, da er seine Pfoten nicht verdrehen muss. Du beginnst mit der ersten Seite, du lässt deinen Hund seine rechte Pfote auf deinen rechten Fuß geben. Dazu kannst du dein rechtes Bein etwas heben und die Hand als Signal für die Pfote auf deinen Fuß legen. Dein Hund wird dann seine Pfote in die Hand geben.

2. Diesen Schritt wiederholst du einige Male, bis dein Hund zuverlässig seine Pfote auch in dieser ungewöhnlichen Position in deine Hand legt. Dann baust du deine Hand wieder Stück für Stück ab, sodass dein Hund seine Pfote auf deinen erhobenen Fuß legt. Wenn das klappt, kannst du deinen Fuß von Durchgang zu Durchgang weniger heben, sodass am Ende ein kleines Tippen deines Fußes reicht, um deinem Hund zu signalisieren, dass er seine Pfote auf deinen Fuß stellen soll.

3. Dies übst du nach erfolgreichem Aufbau der ersten Seite auch mit der zweiten Seite.

4. Dann kannst du dir überlegen, ob du noch ein verbales Signal einführen möchtest oder ob das Tippen des Fußes das Signal fürs Draufstellen bleiben soll.

Wenn du magst, bringe deinem Hund doch jetzt noch bei, dass er auf deinen Füßen stehen bleibt und mit dir mitläuft. Du kannst vorwärts oder rückwärts laufen – oder dich sogar um deine eigene Achse drehen.

Challenge 5: Durch die Beine springen

Hierzu brauchen wir zu Beginn wieder kleine akrobatische Fähigkeiten von dir.

1. Du positionierst deinen Hund hinter dir und stehst im Abstand von etwa einem Meter vor ihm.

2. Du kannst entweder mit leicht ausgedrehten Füßen in die Kniebeuge gehen oder du nimmst dein rechtes Bein nach außen abgewinkelt an dein linkes Bein. Du brauchst quasi eine „Öffnung" zum Durchspringen.

3. Wenn du dich entschieden hast, wo dein Hund zu Beginn durchspringen soll, animierst du ihn, dass er genau durch diesen „Beinraum" springen soll. Entweder du lockst ihn mit einem Keks oder du wirfst ein Spielzeug oder einen Keks durch, sodass dein Hund hinterherspringt, oder du nimmst dein Handtarget.
   Wenn du schon ein Signal fürs Springen hast, kannst du das selbstverständlich auch verwenden.

4. Wenn dein Hund durch deine Beine gesprungen ist, bekommt er selbstverständlich seine Belohnung. Im Idealfall gibst du dann sein Markersignal, wenn er genau im Sprung ist.

5. Wenn dein Hund zuverlässig durch das erste Beinhindernis springt, kannst du natürlich wieder ein Signal aufbauen und weitere Sprungmöglichkeiten mit deinem Hund durch und über deine Beine erfinden.

Somit generalisierst du auch gleich das Verhalten.

Hintergründe zu Generalisierung findest du auf S. 58.

Challenge 6: Umrunden

Wir hatten bereits bei den Töpfen, dass dein Hund den Topf umrundet. Nun lernt dein Hund, dass er *dich* umrundet. Am besten nimmst du später dafür auch ein anderes Signal, denn für deinen Hund ist dies ein ganz anderes Verhalten als das Umrunden eines Gegenstandes. Die Lage im Raum ist schließlich eine ganz andere.

1. Stelle dich mittig in dein Trainingsraum, sodass um dich herum genügend Platz für deinen Hund ist. Positioniere deinen Hund seitlich neben dir.

2. Nimm zu Beginn je ein Leckerchen in beide Hände. Nun lockst du deinen Hund in Laufrichtung um dich herum. Die Schwierigkeit ist meist die Stelle, an der deine Armlänge nicht mehr ausreicht, um den Hund weiter um dich herum zu locken. Am einfachsten belohnst du deinen Hund auf der gegenüberliegenden Seite (wenn er rechts von dir gestartet ist, belohnst du ihn jetzt links neben dir, mit Blick nach hinten) und setzt von hier aus neu an und lockst ihn wieder zur Ausgangsposition.

3. Wiederhole Schritt 2 einige Male.

4. Wenn dein Hund das Prinzip zu verstehen beginnt, kannst du langsam damit anfangen, ihn nicht mehr gänzlich um dich herum zu locken, sondern nur noch stückchenweise zu unterstützen. Du lässt ab jetzt allmählich deine Lockbewegung weniger werden, bis dein Hund anständig um dich herumläuft.
   Beginne wieder zuerst immer in eine Richtung. Wenn dein Hund das gut beherrscht, kannst du das Ganze in die andere Richtung trainieren. Denk daran, dass du für beide Seiten ein eigenes Wortsignal aufbaust.

Auch hier kannst du wieder eine tolle Kombination aus den Beintricks machen.

Du kannst deinen Hund einparken lassen, ihn von dort aus Achter laufen lassen und aus der Acht in das Umrunden schicken und vielleicht mit einem „Halt mich" abschließen. Das setzt natürlich eine gute Kommunikation voraus. Aber es geht ja hier um spannende Herausforderungen.

Pfote geben

Pfote geben ist ein netter, leicht aufzubauender Trick, der zusätzlich auch noch die Beweglichkeit des Ellbogens fördert und die Muskulatur des gesamten Vorderlaufes trainiert. Zusätzlich wird noch die Koordination geschult, wenn dein Hund beim wechselweisen Pfotegeben sein Gleichgewicht verlagern muss. Falls dein Hund Probleme mit dem Ellenbogengelenk hat, frage vorher deinen Tierarzt / Tierärztin oder deine Tierphysiotherapeut/in.

Aufbau:

Dein Hund befindet sich im Sitz. Nimm ein Leckerchen in eine Hand und halte es vor deinem Hund in Höhe seiner Handgelenke (auch: Karpalgelenke – Achtung, die liegen nicht direkt über der Pfote, sondern eine „Etage" höher in der Mitte der Vorderläufe und werden fälschlich gern als „Knie" bezeichnet). Dein Hund wird Interesse an deiner Hand und dem darin versteckten Leckerchen zeigen. Versucht er es mit der Schnauze zu erreichen, ignorierst du das. Wenn dein Hund mit der Pfote deine Hand berührt, lobst du ihn (Markerwort oder Clicker) und gibst ihm das Leckerli. Das wiederholst du, bis dein Hund seine Pfote sicher hebt. Wenn das gut funktioniert, bietest du ihm nicht mehr die geschlossene Hand mit dem Leckerli, sondern deine offene flache Hand an, in die er seine Pfote legt. Dann kannst du die Übung mit einem Wortsignal verbinden.

Challenge-Block 5

„Langweilig wird's nicht“ oder „aus Alt mach neu“

Bei den nächsten Einfällen geht es rund um den kreativen Beschäftigungsspaß. Viele Challenges lassen sich super auf dem nächsten Spaziergang einbauen. Wir bleiben unseren bisherigen Materialien treu und betreiben etwas Upcycling.

Was Du brauchst:

- Mehrere alte Socken
- Eine leere Flasche
- Ein Tuch bzw. dünnen Schal
- Wolle oder Schnur und eine Schere
- Leere Rollen von Toilettenpapier oder Küchenpapier
- Kleine wiederverschließbare Dose
- Lust an Kreativität
- Futterbelohnungen, ggf. Clicker

Was Dein Hund können muss:

- Markersignal ist von Vorteil
- Nützlich ist es, wenn dein Hund etwas ins Maul nimmt und evtl. auch schon länger hält bzw. trägt

Challenge 1: Tuch aus der Flasche ziehen
(oder auch als Zaubertrick aus einem Hut)

Dein Hund lernt hier, einen Gegenstand aus der Flasche zu ziehen – lustig ist das Ganze auch, wenn dein Hund zum Beispiel ein Kaninchen aus einem Hut zieht.

1. Du nimmst dein Tuch und steckst es in deine leere Flasche (gerne eine PET-Flasche, diese ist ungefährlicher als eine Glasflasche). Wichtig: Lasse ca. 10 cm des Tuches aus der Flasche herausschauen, ansonsten wird das Ziehen sehr schwer bis unmöglich.

2. Animiere deinen Hund, an dem Tuch zu ziehen. Wahrscheinlich wird er dies sehr schnell beherrschen, denn er kennt das Prinzip ja schon vom Sockenausziehen.

3. Belohne zunächst deinen Hund schon für den Ansatz des Ziehens. Dann lässt du ihn von Mal zu Mal mehr an dem Tuch ziehen, bevor er eine Belohnung bekommt. Am Ende soll er das ganze Tuch ziehen, bevor er seine Belohnung bekommt.
   Je nach Flasche kann das durchaus ein Tuch (je nach Material) von ca. 1 – 2 Metern Länge sein. Somit benötigst du eine Dauer auf dem Verhalten „Ziehen“.

Jetzt kannst du das Verhalten natürlich auch auf andere Gegenstände übertragen, zum Beispiel auf:

- Blume aus der Vase
- (Stoff)Kaninchen aus dem Hut
- Einen Wagen ziehen (Kinderspielzeug) – dies ist eine nette Idee, wenn dein Hund zum Beispiel bei Freunden ein Geschenk überreichen kann. Er zieht das Geschenk auf einem kleinen Wägelchen hinein.
- Schubladen aufziehen – dazu befestigst du einfach ein kleines Stück Tuch an dem Griff deiner Schublade und schon kann dein Hund im Haushalt helfen.

Challenge 2: Schredder-Spaß-Schlange

Hier bekommt dein Hund ein (altes) Tuch mit Leckerchen in leere Klopapierrollen gewickelt – der ideale Beschäftigungsspaß. Dein Hund darf seine Nase benutzen.

Du benötigst ein Tuch (altes Handtuch, Stoffwindel, Putzlappen, ...), Leckerchen und leere Rollen von Toilettenpapier oder Küchenpapier.

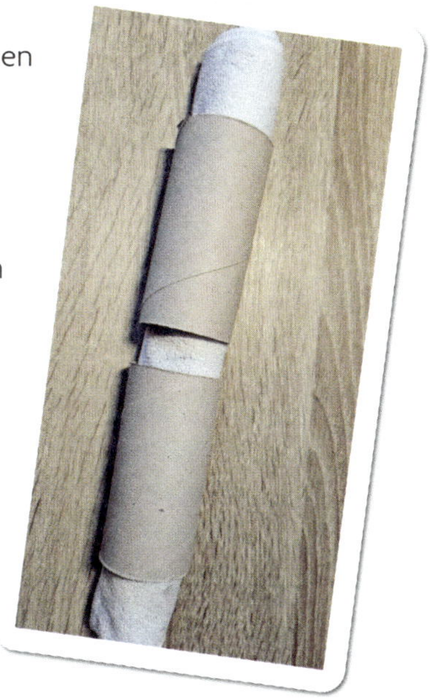

1. Lege das Tuch ausgebreitet vor dich hin und verteile Leckerchen darauf.
2. Nun rollst du das Tuch der Länge nach eng zusammen und faltest die Enden überlappend ein.
3. Jetzt kommen die Rollen ins Spiel. Stülpe das Tuch durch die leeren Rollen, bis das ganze Tuch mit Rollen bestückt ist.
4. Fertig ist deine Snackschlange. Nun darf dein Hund genüsslich die Schlange erlegen. Hier gibt es kein Richtig und kein Falsch.

Hier findest du ein Video
www.hundebuchshop.com/Schredder-Spaß-Schlange-Anleitung.htm

Hintergrundinfo:

Dein Hund darf nach seinen Vorlieben arbeiten und knobeln. Hier geht es tatsächlich in erster Linie um Enrichment, Selbstwirksamkeit, Bedürfnisbefriedigung und Spaß am Tun. Der Einsatz der Nase und der Beschaffung des Futters gibt dem Hundehirn etwas zu tun und fördert ganz nebenbei das konzentrierte Arbeiten. Solche Beschäftigungsmöglichkeiten lasten deinen Hund aus, ohne ihn aber dabei zu viel aufzuputschen. Sie machen ihn müde, ohne ihn allzu sehr zu erschöpfen.

Gerade für zurückhaltende und unsichere Hund sind solche kleinen Herausforderungen eine schöne Tagesaufgabe. Sie wachsen hierbei etwas über sich hinaus, denn sie können in ihrem Tempo mit der Herausforderung umgehen und kommen am Ende zum Ziel und haben somit ein tolles Erfolgserlebnis – Selbstwirksamkeit ist hier das Stichwort.

Challenge 3: Sockenschleppfährte

Hier darf dein Hund eine von dir gelegte Fährte verfolgen. Du wirst feststellen: Er ist ein exzellenter Spurensucher! Du benötigst ein Nassfutter, eine alte Socke, eine Schnur und eine kleine verschließbare Dose.

1. Fülle etwas von dem Nassfutter in die Socke und etwas in die Dose.
   Deine Socke wird dein Schleppgegenstand, der Inhalt der Dose ist die Belohnung für deinen Hund.

2. Binde das obere Ende der Socke mit der Wolle zu und lasse eine etwa zwei Meter lange Schnur daran. So kannst du die Socke besser hinter dir herziehen. Du kannst die Fährte entweder auf deinem Spaziergang legen oder du bereitest sie vor dem Spaziergang vor und lässt deinen Hund dann in deinem Garten oder auf dem Weg die Fährte suchen. Dein Hund muss auf jeden Fall warten, bis du deine Fährte legst.

3. Wir legen die Fährte: Dazu markierst du dir am besten den Anfang. Lege dir gerne ein paar Blätter oder Stecken zu Beginn hin, damit du später den Anfang wiederfindest. Alternativ kannst du auch eine kleine Bodenverletzung machen, indem du mit deiner Fußspitze leicht in die Oberfläche trittst.
   Nun lässt du die Socke auf dem Boden und kannst gerne einmal mit deinem Fuß darauftreten, damit der Geruch / Geschmack des Futters gut durch die Socke tritt. Nun ziehst du die Socke hinter dir her. Wichtig ist, dass die Socke gut am Boden gezogen wird, so ist die Spur durchgängig und für deinen Hund leichter zu verfolgen. Zu Beginn würde ich eine gerade Strecke von etwa fünf Metern wählen. So hat dein Hund ein schnelles Erfolgserlebnis und Freude am Weitermachen. Am Ende deiner Fährte hebst du die Socke hoch und legst deine Dose etwas versteckt ab (dein Hund soll ja nicht auf Sicht die Dose suchen, sondern die Spur verfolgen).
   Wichtig ist: Wenn du nun zurück zu deinem Hund gehst, laufe in einem Bogen um die Fährte zurück, damit du nicht über die Spur läufst und die Fährte demolierst.

4. Nun gehst du mit deinem Hund an den Start (er sollte hierfür ein Brustgeschirr tragen und an einer vergleichsmäßig längeren Leine laufen). Zeige ihm den Anfang der Fährte (deine Bodenverletzung) und schicke ihn mit einer Handgeste zur Suche. Am besten nimmst du ein neues Signal, denn die meisten Hunde haben unter dem Signal „Such!“ gelernt, dass sie in unmittelbarer Umgebung nach Futter oder einem Gegenstand suchen sollen. Hier muss dein Hund ja erst einer Fährte folgen, um an das Ziel zu kommen, darum nimm gerne ein neues Signal. Es reicht aber auch nur die Handgeste zum Losschicken, denn dein Hund kann deine Körpersprache leichter lesen und verstehen als unsere Wortsignale. Am Ende angekommen darf er selbstverständlich den Inhalt der Dose leeren. Es kann sein, dass die erste Fährte etwas zäh läuft, du wirst aber sehen, es wird immer besser und bald kannst du auch längere Strecken und Kurven hineinlegen.

Challenge 4: Sockenkrake basteln

Heute geht es um ein Upcycling von alten Socken. Dein Hund bekommt ein neues Spielzeug zum Zergeln und Toben und für gemeinsame weitere Challenges.

Du benötigst hierfür vier alte Socken und ein Stück Schnur.

1. Zuerst knüllst du einen Socken klein und füllst damit die Zehe eines weiteren Sockens.

2. Deine zwei weiteren Socken ziehst du jetzt auch über den ersten Socken. Somit solltest du jetzt drei Socken übereinander haben und die Spitze ist gefüllt.

3. Unterhalb der gefüllten Spitze bindest du den Kopf der Krake fest ab. Dazu wickelst du mehrmals eine Schnur um die Socke und verknotest sie gut.

4. Den Sockenbund schneidest du nun von jedem der Sockenlagen drei Mal ein, vom Bündchen bis zu der abgebundenen Stelle. Somit sollte dann jeder Bund in vier Teilen sein. Da es drei Socken waren, solltest du 12 „Fransen" haben.

5. Nun flechtest du immer drei Fransen zusammen, einen aus jeder Sockenschicht. Das Ende bindest du dir wieder mit einer Schnur zu. Am Ende sollte dein Krake vier geflochtene Zöpfe haben. Du kannst den Kopf der Krake entweder mit einem stofftauglichen Filzstift bemalen oder du bestickst ihn noch mit Augen, Nase und Mund und fertig ist das Spielzeug für deinen Hund. In der folgenden Challenge brauchst du ihn wieder.

Hier findest du ein Video
www.hundebuchshop.com/Sockenkrake-Anleitung.htm

Challenge 5: Verlorensuche mit der Sockenkrake

Bei dieser Verlorensuche sucht und apportiert dein Hund deine Krake auf der eigenen Rückspur. Der Hund muss also deiner Rückspur folgen, die Krake finden, aufnehmen und apportieren.

Rückspur:

Das ist die Spur, die du unmittelbar vorher gelaufen bist. Der Hund verfolgt somit deine Spur zurück bis zur gefundenen Krake.

Die Verlorensuche ist ein geniales Spiel, das mehrere Bereiche abdeckt:

- das Verfolgen der Spur
- die geruchliche Identifikation der Krake
- die Krake greifen
- die Krake apportieren

Übrigens ist dieses Spiel sehr praktisch, wenn man mal die Leine oder einen Schlüssel unterwegs verloren hat!

1. Geh mit deinem Hund einen Weg entlang. Wege dienen dem Hund zu Beginn als gute Leitlinie und erleichtern die ersten Schritte. Dein Hund sollte zunächst in deiner Nähe laufen. Du lässt deine Krake sehr offensichtlich fallen, was dein Hund zunächst genau beobachten können soll. Du gehst noch zwei, drei Schritte weiter und animierst dann deinen Hund, die Krake zu holen.

2. Hat dein Hund die ersten Bringübungen auf kurzen Abstand zuverlässig geschafft, vergrößerst du die Entfernung schrittweise. Aber geh nicht gleich zu weit, damit dein Hund nicht überfordert wird.

3. Nun kannst du anfangen, die Krake immer unauffälliger fallen zu lassen, sodass dein Hund nicht direkt mitbekommt, wann sie ausgelegt wird. Natürlich darfst du deinen Hund, bevor du ihn mit deinem Signal „Verlorensuche" zur Suche schickst, mit Gesten auf die Krake aufmerksam machen und ihn noch zusätzlich unterstützen.

4. Wenn dein Hund das Prinzip verstanden hat, brauchst du ihm immer weniger zu helfen und euer Signal „Verlorensuche" reicht, um ihm mitzuteilen, was er tun darf.

5. Jetzt kannst du die Wegstrecken immer schwieriger gestalten. Du kannst zum Beispiel die Verlorensuche um eine Kurve machen, durch unterschiedliches Gelände oder sogar über eine Kreuzung hinweg.

Challenge 6: Unterscheidungsaufgabe

Zuerst gestaltest du dir eine zweite Sockenkrake, denn für diese Aufgabe benötigst du zwei unterschiedliche Kraken.

1. Zuerst benennst du eure erste Krake und bringst deinen Hund den Namen dafür bei.
   Du erinnerst dich bestimmt an die vorherigen Aufgaben, d. h. diese Unterscheidung ist für dich bestimmt relativ einfach und der Ablauf ist dir schon gut vertraut.

2. Du lässt dir zuallererst deine erste Krake ein paar Mal zuverlässig bringen (du weißt ja schon, wie du es aufbaust). Wenn das gut klappt, sagst du, BEVOR du deinen Hund schickst, den Namen für eure erste Krake und schickst ihn erst dann los. Dein Hund sollte den Namen bewusst wahrnehmen und hören – der Name wird jetzt quasi zum Signal für „hol die Krake". Pass dabei auf deine Körpersprache auf, du solltest so gut es geht keine Gestik und Mimik verwenden, die deinen Hund verwirren könnte – er soll sich auf das Signal (Namen) konzentrieren und dies wahrnehmen und verknüpfen.

3. Wenn dein Hund zuverlässig auf den Namen hin die Krake bringt, wird es an der Zeit, mal etwas Ablenkung reinzubringen.

4. Lege nun deine beiden Kraken aus und lass dir auf den Namen die richtige Krake bringen. Wenn das zuverlässig klappt: hervorragend, dann weiter zu Schritt 5.
   Falls nicht, dann mach es deinem Hund etwas einfacher. Wiederhole Schritt 3 noch einige Male und dann beginnst du mit Schritt 4 wieder, indem du die zweite Krake weiter weg legst als die zu bringende. So kannst du deinem Hund anfangs etwas helfen und die Differenz von Mal zu Mal angleichen.

5. Nun benennst du eure zweite Krake nach dem gleichen Vorgehen.

6. Wenn dein Hund beide Kraken anhand ihrer Namen bringt, kannst du beide Namen kombinieren – hierbei muss dein Hund sehr gut aufpassen und genau auf die Namen achten. Von Vorteil ist es, wenn du zwei sehr unterschiedliche Namen verwendest, dann ist es einfacher, von der Tonlage und Klang her die Namen auseinanderzuhalten.
   Es ist herausfordernd – aber gut machbar und eine tolle Challenge für dich und deinen Hund.

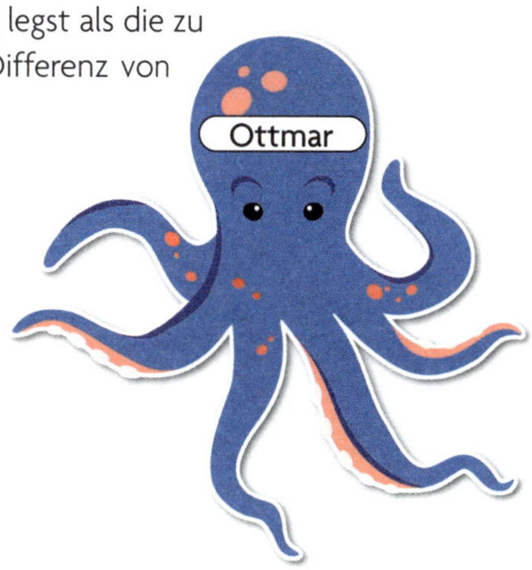

Übung und Festigung für das Nasentarget: Topf schieben

Hierfür brauchen wir wieder einen Topf und ein Nasentarget (Post-it / Fliegenklatsche, ...)

Dein Hund wird lernen, den Topf ein Stück durch die Wohnung zu schieben.

1. Wiederhole ein paar Mal das Nasentarget. Am einfachsten, wie ich finde, geht das hier mit einem Post-it - Notizzettel. Dein Hund soll den Notizzettel anstupsen – egal, wo dieser sich befindet.

2. Bringe das Post-it an den Topf an. Du kannst den Topf zu Beginn noch in der Hand halten, um deinen Hund das Post-it besser präsentieren zu können.

3. Runde für Runde variierst du die Position des Topfes. Dein Hund soll immer das Post-it berühren. Wenn dein Hund das Post-it treffsicher anstupst, kannst du den Topf auf den Boden stellen und ein Signal für das Anstupsen / Schieben aufbauen.

4. Wiederhole Schritt 3 einige Male. Nun kannst du das Post-it von Durchgang zu Durchgang etwas kleiner schneiden, bis irgendwann der Topf ohne Notizzettel gestupst wird.

5. Wenn du mehr Strecke haben möchtest, sich also der Topf mehr bewegen soll, dann belohne nur Anstupser mit genügend Schwung. Das heißt, dein Belohnungskriterium (also das, was sich für dein Hund lohnt) ist dann nur noch, wenn der Topf sich bewegt. Du kannst auch deinen Hund den Topf zwei oder drei Mal anstupsen lassen, bevor es eine Belohnung gibt. Achte auf die Individualität deines Hundes, er soll Spaß behalten und nicht in Frust fallen.

Weiterführende Idee:

Auf die gleiche Art und Weise kannst du deinem Hund beibringen, Türen zu schließen oder auch kleine Fahrzeuge anzustupsen. Hier hast du unendlich viele Möglichkeiten.

Challenge-Block 6

„Auf die Decke - fertig - los ...“

Im nächsten Block geht es rund um Decken – du hast bestimmt genügend davon für diesen Aufgabenblock zuhause. Auch hier gilt wieder: einfache Mittel – tolle Aufgaben für dich und deinen Hund.

Was du brauchst:

- Verschiedene Decken (die Anzahl der Decken ist abhängig davon, ob du bestimmte Decken nur für dich und andere nur für deinen Hund haben möchtest)
- Futterbelohnungen, ggf. Clicker

Was dein Hund können muss:

- Markersignal ist von Vorteil
- Dein Hund sollte sich hinlegen können
- Seitenlage ist von Vorteil
- Nützlich ist es, wenn dein Hund schon Dinge ins Maul nimmt

Challenge 1: Auf die Decke schicken

Dein Hund wird auf die ausgelegte Decke geschickt.

Was brauchst du fürs Training?

- Aufgebautes Markerwort/ Clicker
- Leckerlis
- Decke (am besten eine, die dein Hund noch nicht kennt)

1. Lege die Decke demonstrativ hin, sodass dein Hund sie sieht und wahrscheinlich erstes Interesse zeigt.

2. Markere und belohne das Verhalten deines Hundes, das er von sich aus anbietet (z. B. Schnüffeln an der Decke, mit einer Pfote draufgehen) und belohne direkt mittig auf der Decke (nicht aus der Hand, sondern lege das Leckerchen direkt auf die Decke und lass es deinen Hund fressen). Warte ab, welche Verhaltensweisen dein Hund als nächstes auf der Decke zeigt. Achte darauf, dass er dich nicht anschaut, wenn du markerst – es geht bei dieser Übung nicht um Blickkontakt aufbauen.

3. Dein Hund wird wahrscheinlich sehr schnell verstehen, dass es sich lohnt, auf der Decke zu bleiben. Somit hast du schon den ersten Schritt geschafft. Nun kannst du beginnen, ihn ins Liegen zu füttern (es muss keine Platzposition sein, denn er darf sich auf seine Decke ja gerne auch bequem hinlegen). Wenn dein Hund liegt, füttere gerne noch ca. fünf Kekse in dieser Position, dann schickst du ihn von der Decke und startest von vorn. Das heißt, du legst die Decke wieder hin und dein Hund wird wahrscheinlich schon von alleine draufgehen und sich hinlegen, denn das hat sich ja eben gelohnt.

   Wenn du magst, kannst du noch ein zusätzliches Signal (Wort- oder Sichtsignal) für das Schicken auf die Decke einführen, oder eben das Hinlegen der Decke dient als Signal für deinen Hund.

Challenge 2: Hinlegen und Zudecken

Hier brauchst du wieder eine Decke und viele Leckerchen. Nimm hierfür eine Decke, die groß genug ist, dass dein Hund sich quasi darin einwickeln kann. Dein Hund soll auf die Decke gehen und sich selbst zudecken. Dein Hund kann bereits auf die Decke geschickt werden und kann etwas in seinem Fang nehmen und halten.

Jetzt üben wir an einem weiteren Bestandteil dieses Tricks.

Die Rolle:

1. Lege deinen Hund in die Platzposition. Locke ihn mit einem Keks in der Hand langsam seitlich (entscheide dich zu Beginn für eine Seite. Eventuell hat dein Hund auch eine „Schokoladenseite“, in die er sich lieber dreht/legt) an seinem Hals vorbei in Richtung Körpermittelpunkt (meist ist etwas hinter dem Schulterblatt ideal). Dein Hund sollte mit seiner Schnauze dem Leckerchen folgen und seinen Kopf dabei drehen. Für diese Anstrengung würde ich ihm schonmal einen Keks geben und dann beginnst du wieder von vorne.

2. Nun führst du den Hund aber nicht mehr nur bis zum Körpermittelpunkt, sondern von seiner Seite weiter über seinen Rücken. Um dem Leckerchen weiter zu folgen, muss dein Hund nun seinen ganzen Körper drehen und nicht mehr nur seinen Kopf.

3. Führe dann das Leckerchen weiter in diese Richtung. Dein Hund sollte im Idealfall nun eine Rolle machen, um der Belohnung weiter zu folgen.

4. Das wiederholst du einige Male, bis du deine Futterbelohnung in der Hand nicht mehr brauchst und dein Hund keine Lockhilfe von dir mehr benötigt. Dann führst du das Signal „Rolle“ ein – und schon sind wir fast fertig mit dem Trick.

Wenn das gut klappt, legst du deinen Hund auf die Decke und gibst ihm die Ecke der Decke. Diese soll er im Fang halten und sich dabei drehen. Hierfür sollte dein Hund die Rolle schon gut beherrschen. Denn sobald dein Keks zum Locken ins Spiel kommt, wird dein Hund die Decke aus dem Maul nehmen. Daher: erst den Lockreiz „Keks“ abbauen.

Wenn auch das gut klappt, gibst du deinem Hund immer weniger Hilfe, um die Ecke der Decke aufzunehmen, denn er soll das ja zunehmend allein machen.

Wenn das auch gut klappt, kannst du alles zusammenbauen: Du schickst deinen Hund auf die Decke, er nimmt die Ecke, rollt sich und schon ist er zugedeckt.

Challenge 3: Decke aufrollen

Du brauchst wieder eine Decke und Kekse. Hier ist es tatsächlich von Vorteil, wenn die Decke etwas stabiler ist, denn dann lässt sie sich leichter aufrollen. Alternativ faltest du die Decke einmal mittig, so bekommt sie auch mehr Stabilität.

1. Öffne die Decke und verteile mittig darauf eine Reihe Leckerchen.
2. Rolle die Decke der Länge nach auf, sodass die Leckerchenreihe mittig eingerollt ist. Lasse die ersten rund 30 cm frei, das heißt nicht aufgerollt.
3. Nun zeige deinem Hund den Anfang deiner Rolle: Er wird schnell verstehen, dass es sich lohnt, die Decke mit der Nase zu stupsen, um an die Kekse zu kommen. Somit wird die Decke aufgerollt.
4. Wiederhole das ein paar Mal.
5. Nun kannst du beginnen, immer weniger Kekse einzurollen und deinen Hund die Decke ausrollen zu lassen.
6. Wenn das gut klappt, kannst du, wenn du magst, noch ein Signal dazu geben.
7. Und wenn du weiter an diesem Trick feilen möchtest, lass deinen Hund doch erst die Decke aufrollen, sich dann hinlegen und dann vielleicht noch zudecken.

Challenge 4: Hinter der Decke verstecken

Auch hierzu brauchst du wieder eine Decke und Leckerchen als Belohnung. Zu Beginn ist ein Stuhl oder ähnliches als Deckenhalter hilfreich.

Wenn dein Hund das Sitztarget aus den vorherigen Challenges sehr sicher und gut beherrscht, dann nimm gerne auch das als Hilfsmittel.

1. Platziere den Stuhl so im Raum, dass außenherum viel Platz ist und hänge über die Stuhllehne die Decke, sodass es ein Versteck ergibt.

2. Hier gibt es jetzt mehrere Möglichkeiten. Wenn dein Hund das Sitztarget gut beherrscht, lege gern das Sitztarget hinter das „Deckenversteck" und schicke ihn geradeaus darauf.

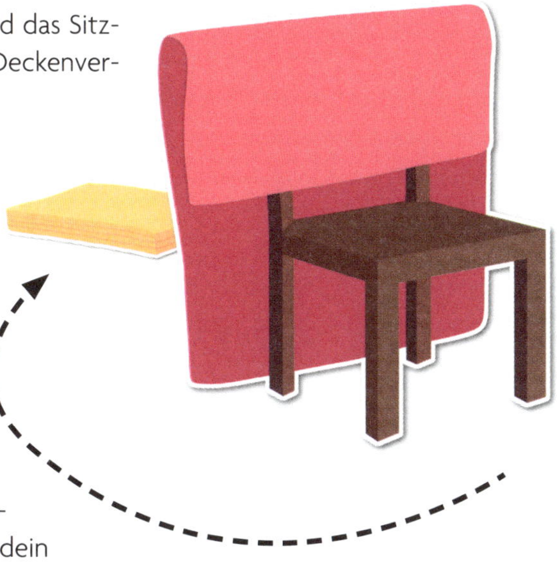

3. Wenn das aus dieser Position gut klappt, dann verschiebst du eure Startposition immer weiter in Richtung vor die Decke. Aber Achtung: langsam und im Tempo deines Hundes!

4. Wenn du es schaffst, deinen Hund aus allen Raumrichtungen auf das Target hinter der Decke zu schicken, wird es Zeit für euer Signal für „Verstecken". Sobald dein Hund das Signal kennt und kann, kannst du das Target abbauen. Das heißt, du machst das Target entweder immer kleiner oder du schaust einfach mal, was dein Hund tut, wenn es gar nicht mehr hinter der Decke liegt und du ihn mit dem neuen Signal „Verstecken" losschickst. Wenn er hinter der Decke ist, dann folgt natürlich sofort der Jackpot. Ein Jackpot ist eine besonders tolle Belohnung – das kann für deinen Hund etwas besonders Tolles sein, was es nicht so oft gibt wie zum Beispiel Leberwurst, Katzennassfutter, Käse, ... oder auch besonders viel, etwa sieben oder acht Stückchen nacheinander, sodass die Dauer der Belohnungsübergabe gesteigert wird. Auch die Art und Weise der Präsentation kann einen Jackpot bedeuten. Wenn dein Hund gerne sucht, kann eine Handvoll Kekse auf dem Boden gestreut ein richtiger Jackpot für deinen Hund sein.

Andere Varianten währen:

- Du kannst deinen Hund wie beim Umrunden einfach auf die Position hinter der Decke locken und dann zunehmend die Lockbewegung immer kleiner werden lassen.
- Oder du schickst deinen Hund zum Umrunden und stoppst ihn dann genau hinter der Decke.

Es gibt wie immer verschiedene Wege des Aufbaus. Suche den, der euch beiden am leichtesten fällt.

Challenge 5: Den Menschen zudecken

Hier brauchst du wieder eine Decke, Leckerchen und dich in einer liegenden Position.

Dieser Trick wird euch wahrscheinlich sehr leichtfallen, da dein Hund ja bereits Sachen in den Fang nimmt und daran auch ziehen kann.

1. Setze dich zu Beginn mit ausgestreckten Beinen auf den Boden oder auf das Sofa und lege die Decke ausgebreitet an dein Fußende.

2. Nun animierst du deinen Hund, dass er die Decke ins Maul nimmt und daran zieht. Zu Beginn reicht es schon, wenn er überhaupt an der Decke zieht.

3. In den nächsten Schritten soll dein Hund immer stärker ziehen und dabei in Richtung deines Kopfes laufen. Er soll dich ja am besten komplett zudecken.

4. Verändere gerne deine Position. Lege dich auf den Rücken, auf die Seite ...

5. Wenn dein Hund sehr sicher die Decke in den Fang nimmt und mit der Decke zu dir auf Kopfhöhe kommt, kannst du dein Signal dazu aufbauen und festigen.

6. Nun übe das am besten mit allen Decken, die du im Haus findest. Schließlich soll dein Hund dich ja auf Signal hin mit egal welcher Decke zudecken. Denk daran: Verhalten muss gut generalisiert werden (s. S. 56).

Challenge 6: Den Menschen aufdecken

Von Vorteil ist es hier, dass dein Hund schon Gegenstände bringen kann. Suche dir einen Gegenstand, den dein Hund in den Topf bringen soll.

1. Lege dich zu Beginn auf den Boden oder auf das Sofa und decke dich zu.

2. Nun animierst du deinen Hund, dass er die Decke ins Maul nimmt und daran zieht. Zu Beginn reicht es schon, wenn er überhaupt an der Decke zieht.

3. In den nächsten Schritten soll dein Hund immer stärker ziehen, schließlich soll er dir die komplette Decke wegziehen.

4. Wenn dein Hund sehr sicher die Decke zieht, kannst du dein Signal dazu festigen.

5. Nun übe das am besten mit allen Decken, die du im Haus findest. Schließlich soll dein Hund dich ja auf Signal hin aus egal welcher Decke aufdecken. Denk daran: Verhalten muss gut generalisiert werden.

Generalisierung

Sobald ich meinem Oskar etwas „Deckenähnliches“ auf den Boden lege, geht er darauf und legt sich hin – egal, ob das jetzt ein Handtuch, ein Teppich, seine Decke, mein Schal oder meine Jacke ist und egal, ob wir uns gerade auf einer Wiese befinden, in einem Restaurant oder beim Tierarzt sitzen oder Freunde besuchen.

Wie ich das gemacht habe? ...

Das Zauberwort lautet „Generalisierung“!

Bei der Generalisierung einer bestimmten Verhaltungsweise geht es darum, dass der Hund das Eingeübte in verschiedensten Situationen und unter allen möglichen Umständen zeigen kann. Hier ein Beispiel: Dein Hund hat gelernt, dass er nach dem Signal „Sitz“ an Ort und Stelle sitzen soll, egal ob auf Teppich, auf Wiese, bei euch zuhause oder unterwegs.

Die Generalisierung ist also notwendig, damit dein Hund ein erwünschtes Verhalten zuverlässig zeigt – egal wo.

Was musst du noch wissen?

Hunde lernen kontextbezogen, das heißt sie verknüpfen das Erlernte erstmal mit einem bestimmten Ort, einem bestimmten Menschen, einer bestimmten Zeit ... Es ist also wichtig für euren Trainingserfolg, dass die Trainingsumstände immer wieder verändert werden und in der Schwierigkeitsstufe angepasst werden.

Das heißt, wenn dein Verhalten in ruhiger Umgebung bei dir zuhause gut klappt, beginnst du es zu generalisieren. Das heißt, du übst bei steigender Ablenkung an unterschiedlichen Orten und Situationen.

Für dich und dein Training heißt das: Verändere Ort, Umgebung, Untergrund, Uhrzeit ...

Achtung:

Sobald du beispielsweise die Umgebung veränderst, musst du in deinen Anforderungen zur Ausführung der Übung möglicherweise anfangs einen Schritt zurückgehen, zum Beispiel das „Bleib“ nur kürzer verlangen als zuhause im Wohnzimmer, bevor du auch wieder die Dauer steigerst.

Challenge-Block 7

„Mix it" – Die Masterchallenge

Hier findest du aus den ganzen vorherigen Challenges lauter Ideen, wie du die einzelnen Tricks zusammen mixen kannst.

Natürlich sind das nur einige Anregungen. Es gibt unzählig weitere Ideen, werde kreativ und erfinderisch und verliere nie den Spaß am Ausprobieren und Trainieren.

Das heißt, hier brauchst du alles, was du schon von den anderen Challenges zuhause hast.

Viel Spaß beim Mixen!

Challenge 1: Decke von Topf ziehen und dann Elefantentrick

Kombiniere doch mal Umrunden mit dem Elefantentrick und dem Ziehen. Dazu brauchst du eine Decke, einen Topf und deinen Hund.

Dein Hund muss gut auf deine Signale achten, denn er soll unterschiedliche Verhalten mit demselben Gegenstand zeigen.

Deine erste Aufgabe der Masterchallenge:

Lass deinen Hund den mit der Decke zugedeckten Topf umrunden, anschließend die Decke runterziehen und dann den Elefantentrick zeigen.

Die einzelnen Aufgaben beherrscht dein Hund ja bereits, nun kombinierst du alles und baust daraus eine sogenannte Verhaltenskette. Das heißt, du bringst deinem Hund bei, mehrere, einzelne bereits trainierte Einzelverhalten unter einem neuen Signal zu einer Verhaltenskette zu verbinden.

Man kann gut immer zwei Verhalten kombinieren, um den Hund nicht gleich vor zu großen Herausforderungen zu stellen. Also in diesem Fall:

Dein Hund soll die Decke wegziehen und dann den Elefantentrick zeigen. Wenn diese zwei Verhalten gut gemeinsam klappen, dann erst würde das Umrunden davorgesetzt und euer Hund zeigt nun drei Verhalten in Folge. Der Vorteil, wenn du die neue Aufgabe vor die alten bereits geübten setzt, liegt darin, dass dein Hund erst etwas Neues, vielleicht auch Schwereres zeigen soll und dass das Altbekannte, das er schon häufig geübt und wiederholt hat, in dem er sich schon sicher ist, hinterher sehr einfach zeigen kann. Das ist so, als ob wir ein Gedicht lernen. Leichter wäre es, wir würden mit der letzten Strophe beginnen, und immer vorne daran eine neue Strophe Lernen. So hätten wir immer die Sicherheit und das Bekannte zum Abschluss. Denn Hand aufs Herz: Wer kennt die letzten Strophen von Liedern oder Gedichten noch – und wer die erste?

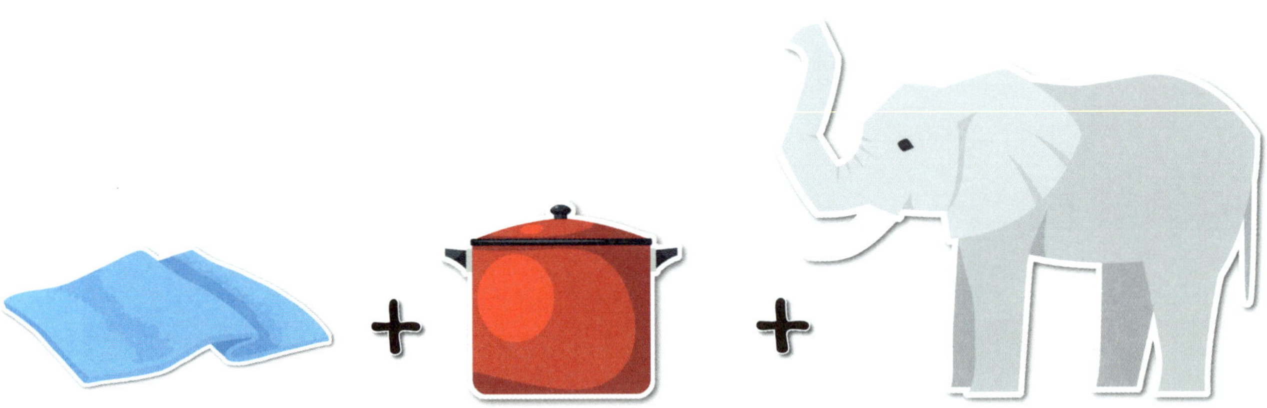

Challenge 2: Socken von der Leine nehmen, damit winken und dann in den Topf werfen

Auch hier geht es um eine Verhaltenskette. Jetzt wird dein Hund lernen, zuerst die Socke von der Leine zu ziehen, sie dann im Fang zu halten und zu winken und sie anschließend in den Topf zu werfen. Und wem es danach noch nicht zu viel ist, der kann seinen Hund noch den Topf umrunden lassen.

Das heißt, du beginnst wieder mit dem Topf umrunden. Wenn dein Hund den Topf super gut umrundet, dann geht's zum nächsten Schritt.

Du gibst deinem Hund den Socken in den Fang, lässt ihn diesen in den Topf ausgeben und schickst ihn gleich nach dem Ausgeben eine Runde um den Topf. Auch diesen Schritt wiederholst du am besten so oft, bis dein Hund automatisch nach dem Socken in den Topf geben um den Topf läuft. Und dann auf zum nächsten Schritt:

Dein Hund soll, bevor er den Socken in den Topf gibt, noch damit winken. Das heißt, du baust nun das Halten und Winken vor den bereits bekannten Ablauf. Auch diesen Schritt wiederholst du so lange, bis dein Hund die ganze Kette beherrscht und automatisch zeigt. Und dann geht's zum nächsten Baustein.

Der Socken wird von der Leine gezogen. Auch dieses Kettenglied wird nun dazu geübt. Und schon habt ihr diese Challenge gemeistert! Prima!

Challenge 3: Socken einräumen, Decke aufrollen und anschließend drauflegen und zudecken

Ganz nach dem Motto „Erst die Arbeit dann das Vergnügen" wird dein Hund erst die Socken in die Waschmaschine werfen, dann seine Decke aufrollen, sich ablegen und zudecken.

Wir beginnen auch hier wieder mit dem Endverhalten „Zudecken". Das heißt, du übst ein paar Mal wieder das Hinlegen und Zudecken. Wenn dein Hund dieses Verhalten sicher abrufen kann, bringst du ihm bei, dass er sich zuerst die Decke aufrollt und sich dann darauflegt und zudeckt. Auch diese Verkettung übst du so lange, bis dein Hund sicher mit den beiden Verhalten ist. Es ist tatsächlich schwer zu sagen, wie viele Wiederholungen du für diese Übung brauchst, denn dies ist von verschiedenen Faktoren abhängig und ganz individuell. Aber ihr habt ja Zeit – euch hetzt ja keiner. Die gemeinsame Zeit mit deinem Hund steht im Vordergrund.

Wenn dein Hund sich nach dem Deckenaufrollen zuverlässig auf die Decke legt und sich zudeckt, fängst du mit dem Beginn der Kettenchallenge an. Dein Hund bekommt eine Socke und bringt sie in die Waschmaschine. Und danach kommt der bereits bekannte Teil.

Du erinnerst dich bestimmt an die Info mit dem Signalaufbau. Das heißt hier auch nochmal für dich: Benenne die Kette am besten immer erst ganz zum Schluss. Also dann, wenn dein Hund die Kette zuverlässig zeigt, ohne dass du ihm noch Unterstützung geben musst im Sinne von irgendwelchen Lockreizen (im Sinne von hilfreiche Lockgesten mit der Hand oder auch mit Keksen in Positionen locken). Erst dann, wenn dein Hund die einzelnen Verhalten wirklich ganz alleine ohne deine Hilfe in Reihe zeigen kann, dann wird es Zeit, die Kette zu benennen! Ich weiß, das ist wirklich schwer, denn wir Menschen reden einfach furchtbar gerne mit unserem Hund. Aber unserem Hund hilft unser Reden meist nicht wirklich viel, im schlimmsten Fall verwirren wir ihn nur.

Challenge 4: Sockenkrake umrunden, aufräumen und verstecken

Dein Hund umrundet in der Acht die am bodenliegenden Sockenkrake, räumt beide danach auf (Topf, Waschkorb ...) und versteckt sich danach hinter der Decke.

Wir beginnen mit dem Verstecken. Wiederhole diesen Schritt wieder einige Male. Nun hängen wir ein Kettenglied vorne an.

Du gibst deinem Hund eine Krake und lässt ihn diese dann in den Topf oder den Waschkorb legen. Auch diesen Schritt wiederholst du einige Male. Wenn die erste Krake gut klappt, kommt die zweite dazu. Das heißt, dein Hund räumt jetzt beide Kraken auf. Vergiss nicht, dass er sich gleich nach dem Aufräumen hinter der Decke verstecken soll.

Wenn auch dieser Schritt gut klappt, kommt eine Schwierigkeit dazu. Du legst die beiden Kraken auf den Boden. Achtung: Hier könnte es jetzt sein, dass dein Hund sofort die Kraken aufräumen möchte, denn den Schritt hast du jetzt ja ganz oft geübt und dein Hund wurde dafür sicherlich auch großzügigst belohnt. Das heißt, er vermutet bestimmt, dass es jetzt wieder um das Wegräumen der Kraken geht. Also musst du schnell sein! Am besten bringst du deinen Hund in eine Warteposition, bis du die Kraken ausgelegt hast. So hast du genügend Zeit, um in Ruhe die Kraken in Position zu bringen und dein Hund festigt gleich nochmal sein „Warte“. Wenn du soweit bist, schicke deinen Hund in die Umrundung der Kraken. Wenn die Kraken auf den Boden für deinen Hund schlecht als Umrundungsgegenstand wahrgenommen werden, dann lege sie gern auf einen Hocker oder Topf als Erhöhung. Damit wird sich dein Hund vermutlich zu Beginn leichter tun. Es kann sein, dass gerade bei den ersten Durchgängen dein Hund viel Hilfe im Sinne von Gesten oder sogar Locken braucht, denn denk daran, er hat bis jetzt immer die Kraken bringen und aufräumen sollen. Jetzt soll er sie liegen lassen und umrunden. Aber du wirst sehen, nach einigen Durchgängen wird es gut klappen.

Nach dem dein Hund die Acht um die Kraken gelaufen ist, darf er sie nun aufräumen und sich dann verstecken. Bravo!!! Auch diese Challenge ist gemeistert.

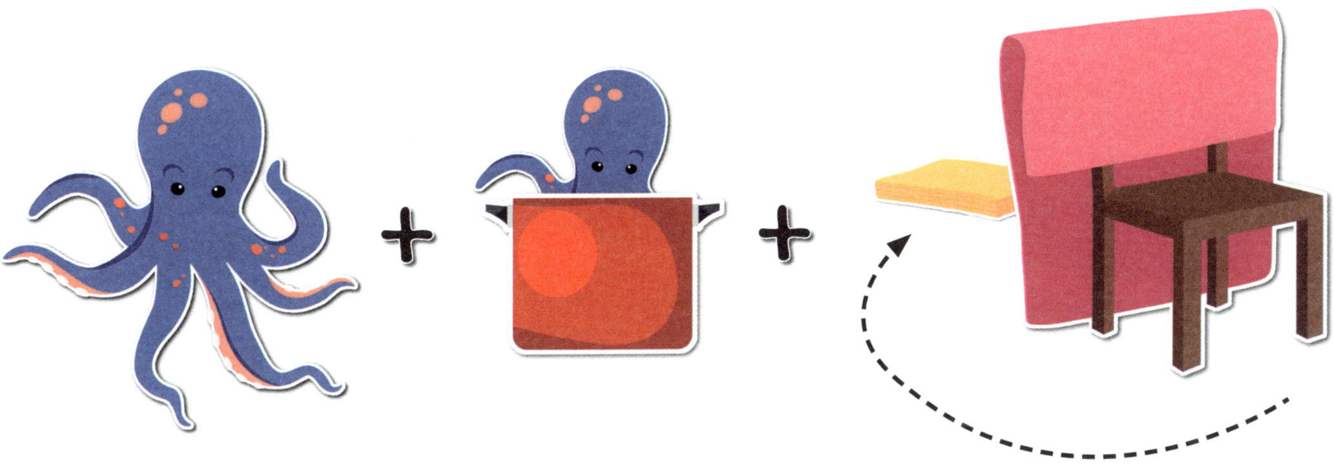

Challenge 5: Socken ausziehen und in die Waschmaschine bringen

Dein Hund zieht dir die Socken aus und bringt sie dann in die Waschmaschine! Und wer noch eine Erweiterung möchte: Dein Hund deckt dich dazwischen oder abschließend noch zu.

Hier versuchen wir einfach mal die Challenge von vorne aufzubauen. Somit verbesserst du deine Trainingsskills und kannst selbst beurteilen, was besser passt. In dieser Challenge ist ein Aufbau von vorne sehr gut möglich.

Du beginnst damit, dass dein Hund Socken in die Waschmaschine bringt. Wenn du das ein paar Mal wiederholt hast, gehen wir gleich zum nächsten Schritt.

Dein Hund zieht dir die Socken aus. Das wird vermutlich sehr schnell gehen, denn wir haben bei den Challenges schon sehr viel mit Ziehen und Tragen gearbeitet. Nach dem Ausziehen soll er die Socken in die Waschmaschine bringen. Das heißt, du gibst zu Beginn das Signal für „Socken ausziehen" und dann für das „in die Waschmaschine bringen".

Und wenn du jetzt so viel Spaß daran hast, dann lässt du dich nach dem Sockenausziehen noch von deinem Hund zudecken und erst dann die Socken in die Waschmaschine bringen.

Alternativ, wenn dein Hund keinen uneingeschränkten Zugang zur Waschmaschine hat, lässt du dir die Socken einfach in den Waschkorb legen.

Ist das nicht ein schönes Abendritual für dich und deinen Hund?

Challenge 6: Gute Nacht

Dein Hund lernt, zuerst dich zuzudecken und danach sich selbst.

In dieser Challenge geht es um das Zudecken. Und zwar erst um das Zudecken von dir und dann darf der Hund selbst schlafen gehen und sich zudecken.

Auch diese Challenge würde ich von vorne beginnen. Ich würde vorschlagen, dein Hund soll zu Beginn dich zudecken und dann sich selbst. Vielleicht muss er für sich auch erst noch die Decke holen.

Die ganze Kette kannst du schön unter dem Signal „Gute Nacht“ trainieren.

Du bist ja jetzt wahrscheinlich schon Profi im Aufbau von Verhaltensketten, darum hast du hier ein bisschen Platz für deine Notizen zum Aufbau:

Hier habt ihr Platz für eure eigenen Challenge-Ideen:

Ich bin total gespannt, welche grandiosen Sachen euch einfallen. Ihr dürft eure Ideen gerne mit den anderen Challengern teilen.

Hier geht´s zur Facebookgruppe Doggy Challenges:
https://www.facebook.com/groups/doggychallenges

HIER KANNST DU DEINE EIGENEN IDEEN NOTIEREN:

Challenge-Block 8

Kartentricks mal anders

Eine Postkarte ist normalerweise eine Karte, die häufig als Gruß oder Mitteilung verschickt wird. In unserem Fall wird die Postkarte zu einem – wenn nicht gesagt zu DEM wichtigsten Trainingsequipment. Seid gespannt.

Was Du brauchst:

- Die Postkarte aus der Umschlagklappe **(Achtung: nur für die Masterchallenge)**
- Die Postkarte aus dem Downloadbereich
- Schere
- Leere Schuhschachtel
- Futterbelohnungen, ggf. Clicker

Was Dein Hund können muss:

- Markersignal ist von Vorteil
- Nützlich ist es, wenn dein Hund schon apportieren kann, bzw. Dinge ins Maul nimmt

Challenge 1: Postkarte anlaufen (Target)

Dein Hund lernt mal wieder ein neues Target kennen. Er wird in dieser Challenge lernen, zielstrebig zur Postkarte zu laufen.

1. Lege die Postkarte auf den Boden und lege einen Keks mittig auf die Karte.
   Dein Hund wird hinlaufen und den Keks fressen. Prima: der Grundstein ist gelegt.

2. Wiederhole den Schritt 1 mehrmals an verschiedenen Orten.

3. Wenn dein Hund das Spiel verstanden hat, wird es Zeit, dass wir den nächsten Schritt starten.
   Lege die Karte auf den Boden, dein Hund wird bestimmt voller Vorfreude zur Postkarte laufen: perfekt. Dann kommt kein Clicker/Marker und du belohnst deinen Hund. Der Keks wird also jetzt nicht mehr auf die Karte gelegt, sondern es gibt ihn nach dem Anlaufen der Karte von dir.

4. Wenn du magst, kannst du jetzt noch ein Signal auf das Postkartenspiel setzen, wie wäre es zum Beispiel mit „tarjeta postal" – das wäre Postkarte auf Spanisch.

Dieses Spiel ist ein tolles Orientierungsspiel, gerade wenn dein Hund in neuer Umgebung häufig sehr aufgeregt ist. Lasse ihn doch dann einfach in der neuen, aufregenden Umgebung ein paar Mal die Postkarte anlaufen. So kann er sich orientieren, aber hat auch gleich eine Beschäftigung, die ihm die Aufregung etwas nehmen kann. Denn er darf etwas zeigen, was er bereits gut kann und das vermittelt ihm Sicherheit.

Challenge 2: Durch eine Postkarte steigen

Hier wartet ein lustiger Zaubertrick auf euch, bei dem deine Zuschauer Augen machen werden! Immer wenn es darum geht, einen Gegenstand zu durchdringen, meint man, es sei Zauberei im Spiel. Manchmal reichen auch eine Schere und ein bisschen Mathematik.

Nimm für diese Aufgabe die Postkarte aus dem Download oder aus Block 10, oder alternativ einfach ein Stück Papier, das du auf Postkartengröße zugeschnitten hast (das ist ein Viertel einer normalen DIN A 4 Seite – also einfach zwei Mal falten). Nimm *nicht* die Postkarte aus dem Umschlag hinten!

1. Falte zunächst die Postkarte in der Hälfte – nun hast du eine geschlossene Falzkante. An dieser beginnend schneidest du 13 Mal abwechselnd von oben und von unten ein – so dass aber immer ein ca 1 cm Rand stehen bleibt. Beginne von der geschlossenen Kante aus.

   Du kannst dir die Einschneidelinien auch gern zu Beginn vorzeichnen. Der Abstand zwischen den einzelnen Linien sollte in etwa gleich groß sein. Am Ende sollten es 14 „Streifen" sein – ein ZickZack aus Papier – der Rand ist geschlossen. Die Karte lässt sich nun ziehharmonikamäßig auseinanderziehen. Bevor du jetzt allerdings mit deinem Hund durch die Karte steigen kannst, musst du noch die geknickte Kante aufschneiden. Alle Kanten, außer den beiden äußeren. Die müssen stehen bleiben.

2. Nun kannst du die Karte öffnen und gemeinsam mit deinem Hund durch das „Loch" steigen – je mehr Zickzack du schneidest, desto größer wird die Öffnung.
   Am besten übst du das Durchsteigen mit deinem Hund ein paar Mal. Wenn ihr beide es gut könnt, könnt ihr diesen Trick bei einer der nächsten Festlichkeiten vorzeigen.
   Eure Zuschauer werden verblüfft sein. Und nebenbei ist es eine tolle Motorikübung für deinen Hund, alle Beine durch die Postkarte zu heben.

Hier findest du ein Video
www.hundebuchshop.com/Postkarte-zerschneiden-Anleitung.htm

Die Postkarte zum Zerschneiden findest du im Block 10 oder hier im Download www.hundebuchshop.com/Leckerchenhund-Postkarte.pdf

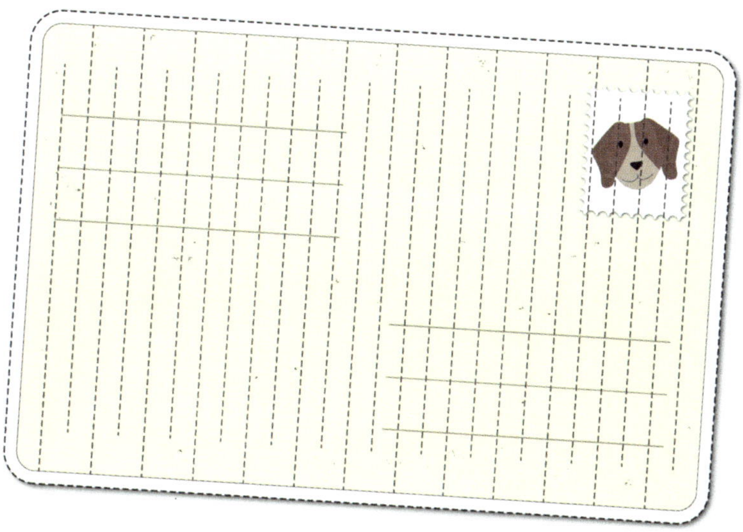

Challenge 3: Postkarte ziehen

Dein Hund lernt, eine Postkarte vom Tisch oder aus einem Stapel Bücher hervorzuziehen.

Du hast ja bereits die Sockenchallenge gemeistert, deshalb fällt dir das Postkarteziehen bestimmt leicht. Für deinen Hund kann es zu Beginn etwas seltsam sein, denn eine Postkarte ist natürlich ein anderes haptisches Gefühl als eine Socke.

1. Nimm die Postkarte in die Hand und animiere deinen Hund zum Reinschnappen. Wahrscheinlich geht das schon recht schnell. Wenn du sogar schon ein Signal dafür hast, prima: Dann kannst du dieses gern verwenden.

2. Wenn dein Hund zuverlässig in die Postkarte beißt, dann fang gerne an, die Postkarte etwas auf Zug zu bringen, sodass dein Hund auch etwas ziehen wird. Aber Achtung, wir sollen die Karte nicht zerreißen.

3. Jetzt präsentiere deinem Hund die Hand mit der Postkarte immer wieder etwas anders, und warte, ob er zuverlässig die Karte in den Fang nimmt und dir vielleicht schon von der Hand zieht. Natürlich folgt auch hier wieder eine Belohnung für deinen Hund.

4. Ab jetzt kannst du die Postkarte auch mal auf einem Stuhl oder Tisch legen und deinen Hund auffordern, sie zu ziehen. Wenn er die Karte zieht: Prima – belohne ihn. Wenn nicht, schau, ob du ihn etwas animieren kannst.

5. Nun kannst du das Setting immer wieder verändern:

    a. Nimm mehrere Karten in die Hand und lass deinem Hund eine ziehen (vielleicht schreibst du auch auf einige Karten eure Tricks, die ihr schon könnt oder noch üben wollt, und dein Hund kann nun täglich mitbestimmen, was ihr üben werdet).

    b. Stecke die Karte mal wie ein Lesezeichen in ein Buch und lass deinen Hund die Karte rausziehen.

    c. Hänge die Karte mit einer Wäscheklammer an ein Seil und lass deinen Hund sie runterziehen.

    d. Lege die Karte auf einen Tisch und dein Hund kann sie runterziehen.

6. Du siehst schon, es geht auch hier wieder um Generalisierung.

Challenge 4: Postkarte tragen

Dein Hund kann die Postkarte ja bereits ziehen, jetzt verlängern wir etwas die Dauer und die Richtung und lassen deinen Hund die Karte noch tragen. Ziel wäre, dass dein Hund die Karte ein gutes Stück trägt.

1. Gib deinem Hund die Karte in den Fang und animiere ihn gern, damit auf dich zuzulaufen. Du kannst du die Karte auch von dem Stuhl ziehen und zu dir bringen lassen. Jetzt beginnen wir zuerst damit, dass der Abstand zwischen dir und der Karte variiert. Feuere deinen Hund gerne an, die Karte bis ganz zu dir zu bringen, egal wo du stehst. Mal zwei Meter, mal fünf Meter ... mach das unterschiedlich.

2. Wenn der Schritt gut klappt, versuche dann, wenn der Hund mit der Karte zu dir kommt, noch einen Schritt mit ihm gemeinsam in die gleiche Richtung zu laufen und belohne ihn erst dann. Auch dieses Mitlaufen verlängerst du Stück für Stück.

3. Bau dieses Tragen gern in verschiedenen Orten ein. Zuhause und Unterwegs, dein Hund soll Tragen gut verinnerlichen. Wir brauchen es später nochmal.

Dein Hund kann dir ab heute immer die Post reintragen oder auch die Zeitung bringen! Vielleicht schaffst du es sogar, dass dein Hund die Post von dir zu einer anderen Person im Haus oder Büro trägt. Probier es doch gleich mal aus!

Challenge 5: Postkarte in einen Briefkasten werfen

Hier lernt dein Hund, die Postkarte in einen Briefkasten zu werfen. Du erinnerst dich sicher an die Herausforderung, dass dein Hund Socken in die Waschmaschine räumen sollte. Wir üben hier nochmal etwas ähnliches – nur noch etwas graziler.

Wir brauchen die leere Schuhschachtel und die Postkarte.

1. Am besten stellst du die Schuhschachtel zuerst offen vor dich hin. Dein Hund kann bereits die Karte ziehen und tragen. Prima, so lässt du dir zuerst die Karte bringen und über der Schachtel fallen. Diesen Schritt wiederholst du einige Male.

2. Nun kannst du ein Blatt Papier oder etwas Karton nehmen und die Öffnung der Schachtel etwas verkleinern (vielleicht zu Beginn auch nur 3 – 5 cm) und wiederholst den Schritt Nummer 1.

3. Schritt 2 wiederholst du so lange, bis dein Hund die Karte in eine kleine Öffnung einwerfen kann.

4. Du kannst, wenn dein Hund die Karte schon gut „einwerfen“ kann, auch seitlich in den Schachtelrand einen Briefschlitz schneiden. Hier herein soll dein Hund die Postkarte bringen.

Challenge 6: Dein Hund als Büroassistent

Dein Hund wird dir ab heute tatkräftig bei der Büroarbeit arbeiten – quasi als Stiftebringer.

1. Nimm einen Stift (Kugelschreiber) in die Hand und zeige ihn deinem Hund. Lass ihn gern daran schnüffeln und erkunden, was das überhaupt ist. Am besten gibst du ihm während des Erkundens schon mal fünf Kekse einzeln und in unmittelbarer Nähe des Kugelschreibers. So verbindet er den Stift mit etwas Angenehmem.

2. Du zeigst ihm erneut den Stift und belohnst ihn, sobald er diesen in den Fang nimmt. Vielleicht hast du sogar schon ein Signal für „Bring" aus den vorangegangen Challenges, dann kannst du das gerne verwenden.

3. Wiederhole Schritt 2 so lange, bis dein Hund sofort bei Anblick des Stiftes diesen in den Fang nimmt. Dann kannst du den Stift auch mal neben dich legen, oder auf einen Stuhl, Tisch, Boden, ... der Hund soll den Stift aufheben und dir bringen.

4. Wenn Schritt 3 gut klappt, bringe etwas Abstand zwischen dich und den Stift und lass ihn dir gerne wieder bringen.

5. Nun kannst du noch ein Signal für „Bring den Stift" etablieren, und schon kann dir dein Hund zu jeder Zeit einen Kugelschreiber für wichtige Notizen bringen.

Am einfachsten ist dies natürlich, wenn du den Stift immer am gleichen Ort aufbewahrst. Ansonsten hast du gleich noch ein integriertes Suchspiel.

Jetzt kann dein Hund zum Postboten werden

Setze alle kleinen Challenges zur Masterchallenge zusammen!

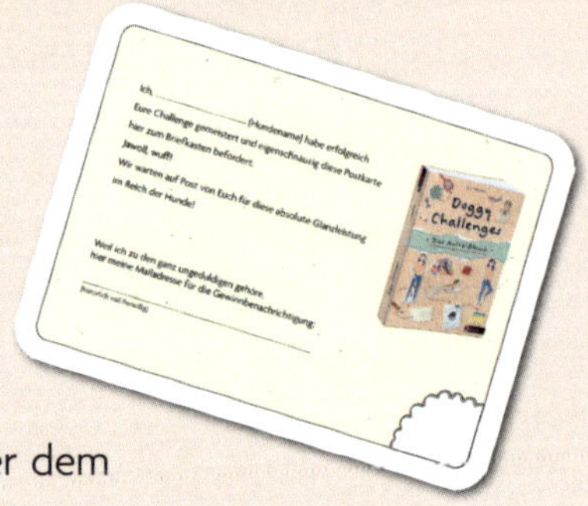

1. Du lässt dir die Postkarte aus der hinteren Umschlagklappe bringen.
2. Du lässt dir einen Stift bringen.
3. Du schreibst einen netten Gruß an den Kynos Verlag – Frankierung nicht vergessen.
4. Zieh dich und deinen Hund an und macht euch auf den Weg zur Post oder dem nächsten Briefkasten.
5. Dein Hund darf die Karte tragen und in den Briefkasten einwerfen.
6. Nun heißt es, auf Post vom Kynos Verlag zu warten!

Freu dich auf eine kleine Überraschung

CHALLENGE-BLOCK 9

Lustige Challengeideen für zwischendurch

Im folgenden Kapitel warten lustige Ideen für besondere Momente für dich und deinen Hund.

Hier stehen nicht so sehr Trainingsaufgaben im Vordergrund, sondern eher die gemeinsame Zeit und kleine Mikroabenteuer.

Vieles von dem, was du hierfür benötigst, findest du in den Downloads oder im nächsten Block.

Challenge 1: Ein Fotoshooting der besonderen Art

Hierfür brauchst du einen leeren Bilderrahmen ohne Rückseite. Wenn du keinen alten zuhause findest, kannst du dir den aus der Vorlage in Block 10 oder aus den Downloads einen herunterladen, ausschneiden und auf festen Karton kleben. Nun brauchst du noch ein Holzstäbchen als Rahmenhalter, dein Handy und ein tolles Motiv – nämlich dich und deinen Hund.

Wenn du mit dem Papprahmen arbeitest, klebst du zuerst unten mittig ein kleines Holzstäbchen fest – dies dient als Halterung. So sind später am Foto nicht deine Hände im Rahmen.

Macht euch nun auf den Weg und sucht euch einen tollen Hintergrund. Vielleicht einen Ort, an dem ihr euch besonders gerne aufhaltet. Positioniere dich und deinen Hund, halte den Rahmen vor euch und mache ein Foto. (Wie gut, dass du zwei Hände hast – oder du lässt dich von einer Begleitperson fotografieren.)

Bevor ihr diese Challenge absolviert, könntest du natürlich auch noch deinen Hund den Trick „Selfie" beibringen. Das heißt, du gehst in die Hocke und dein Hund (je nach Größe) geht entweder mit den Vorderpfoten auf deine Oberschenkel oder sogar von hinten auf deine Schulter und schaut quasi über deine Schulter. Beides lässt sich gut mit Keksen locken. Du entschließt dich zuerst für die Position und dann nimmst du Kekse in deine Hand und lockst deinen Hund in die gewünschte Position. Dort angekommen, bekommt dein Hund den Keks und gerne noch fünf bis acht weitere Leckerchen für das Halten der Position. Du fütterst ihn quasi in der Position fest. Das wiederholst du so oft, bis du keine Kekse mehr zum Locken brauchst und dein Hund das alleine mit Hilfe des Signals oder deiner Geste (z. B. Klopfen auf die Schulter) kann.

Wenn du magst, kannst du das Bild gerne hier zur Erinnerung einkleben, oder lade es in unsere Facebook-Gruppe hoch. Wer hat das witzigste?

Den Bilderrahmen findest du im Block 10 oder hier im Download www.hundebuchshop.com/Download-Fotorahmen.pdf

Challenge 2: Ein besonderer Blumengruß

Für diese Aufgabe brauchst du die Targetblume aus dem Download und einen etwas längeren Holzstab (entweder einen Blumenstab oder auch gern einen Kochlöffel oder ähnliches). Befestige die Blume nun an den Stab oder Kochlöffel.

Du erinnerst dich an die Aufgabe „Nasentarget". Also die Übung, dass dein Hund mit seiner Nase einen Gegenstand anstupst. Wenn du diese Übung mit deiner Hand oder auch einem Post-it geübt hast, dann bringe doch deinem Hund nun bei, dass er mit seiner Nase die Blume anstupst. Du weißt ja bereits, wie es geht.

Nun kannst du die Blume in eine Vase stellen oder auch in einem Blumentopf mit Erde (die Blume sollte gut stabil stehen) und du kannst deinen Hund mit Signal zur Blume schicken und diese anstupsen lassen.

Die Blume kann nun auch zu eurem Spaziergangs-Begleiter werden, und ihr könnt das „Anstupsen" an verschiedenen Orten üben.

Als Herausforderung kannst du natürlich deinem Hund auch beibringen, dass er an der Blume kleben bleibt, das heißt, dass seine Nase länger an der Blume bleibt.

Oder du kannst deinen Hund abwechselnd die Blume anstupsen oder umrunden lassen. Dies setzt natürlich voraus, dass du die jeweiligen Signale so gut geübt und gefestigt hast, dass dein Hund sie unterscheiden kann.

Challenge 3: Landart der besonderen Art

Für diese Challenge brauchst du einen wasserfesten Stift oder auch Lackstifte, wenn du hast.

Suche dir bei einem deinen nächsten Spaziergängen einen schönen, etwa handtellergroßen Stein aus. Male nun auf diesen Stein ein Portrait von deinem Hund. Falls du dies nicht so gut beherrscht, kannst du auch einfach eine Hundnase auf den Stein malen. Hier eine Idee zum Nachmalen. Auf die Rückseite des Steins kannst du gern den #Kynos-Verlag anbringen.

Auf einem deiner nächsten Spaziergänge kannst du deinen handbemalten Stein irgendwo auslegen. Der Finder freut sich bestimmt riesig über das Unikat und wer weiß, vielleicht findest du ihn auf einem Foto in den sozialen Medien wieder.

Lade das Foto direkt in die Facebook-Gruppe oder sende es per Mail an: info@kynos-verlag.de mit dem Kennwort: Steine und gewinne eine Überraschung. Einmal im Quartal verlosen wir etwas.

Hier kannst du gerne ein Foto deines Steins zur Erinnerung verewigen.

Challenge 4: Leckerchenhund

Du findest im Block 10 oder im Download die Grafik eines Hundekopfes. Den brauchst du für diese Aufgabe und zusätzlich eine Kaustange oder eine Snackstange.

Die beiden eingezeichneten Linien schneidest du ein, denn hier kannst du nun deine Kaustange einfädeln. Diesen präparierten Hund nimmst du nun mit auf euren Spaziergang. Wenn ihr eine schöne Stelle auf eurer Runde gefunden habt, wird es Zeit, den Leckerchenhund zu verstecken.

Lass hierzu doch deinen Hund warten (entweder im Sitz oder Platz) und geh den Hund verstecken. Hier kannst du die Schwierigkeit am Stand deines Hundes anpassen. Hast du einen Hund, der gut und gerne und auch ausdauernd sucht, kannst du den Leckerchenhund auch gerne in Bäumen etwas erhöht verstecken und gerne so, dass dein Hund den ganz besonderen Snack auch nicht sehen kann.

Wenn du den besonderen Hund versteckt hast, gehst du zurück zu deinem Hund und lässt ihn suchen.

Den Leckerchenhund findest du im Block 10 oder hier im Download
www.hundebuchshop.com/Leckerchenhund-Postkarte.pdf

Challenge 5: Slow Motion Abenteurexpedition – 387 Schritte und dann rechts

Es wartet eine Expedition auf euch. Wir suchen Mikroabenteuer vor der Haustür und das in Slow Motion, sodass ihr genug Zeit habt, alles zu entdecken.

Was heißt das konkret? Ihr macht euch auf den Weg und lasst euch alle Zeit der Welt. Entweder ihr startet gleich von eurer Haustür oder ihr fahrt irgendwo ins Grüne.

Von dort ist eure Aufgabe: Geht 387 Schritte und dann biegt ihr rechts ab. UND: Das Ganze geht ihr so bewusst wie möglich. Erkundet jede Naturgegebenheit ausführlich. Schaut euch Steine und Wurzeln genau an. Wie riecht die Natur? Erfühlt und erkundet Bäume und staunt über die tollen kleinen Mikroabenteuer direkt vor eurer Haustür. Geht durch die Natur, als ob ihr ein Tourist in eurer Gegend wärt. Versuche diese Challenge achtsam und bewusst zu erleben und tauche ein in die Welt deines Hundes.

Was hast du heute zum ersten Mal bewusst wahrgenommen? Welche Gegebenheiten ziehen das Interesse deines Hundes an?

Wenn ihr ein besonderes Highlight entdeckt habt, dass ihr gerne mit uns teilen möchtet, postet gern euer Foto von eurem „Mikroabenteuer" – vielleicht ein besonderes Moos, eine besondere Flechtenart, oder eine sehr ausgefallene Steinform in unserer Facebookgruppe (s. S 76) und verwendet den #DoggyChallenge – so können wir auch ein bisschen an euren Abenteuern teilhaben.

Challenge 6: 100-Meter-Langsamchallenge

In unserer Welt geht alles meist sehr schnell und wir „hetzen“ von einer Sache zur nächsten. Hier werdet ihr eingeladen, euch auf die „100-Meter-Langsamchallenge“ einzulassen. Ganz nach dem Motto „Wenn du es eilig hast, geh langsam“ werden wir hier in die Langsamkeit abtauchen.

Such dir auf deinem Spaziergang hundert Meter aus und geh diese mit deinem Hund so langsam, wie ihr beide nur könnt. Wichtig, ihr bleibt nicht stehen, bleibt in Bewegung, aber eben in Zeitlupe.

Ich vermute, euer Hund wird zuerst etwas verwirrt sein, weil er diese Langsamkeit vielleicht weniger bis gar nicht von euch kennt. Aber nach kürzester Zeit – spätestens, wenn ihr diese Challenge öfter wiederholt, wird euer Hund das völlige Abtauchen in seine Hundewelt genießen.

Na, wie lange habt ihr für die 100 Meter gebraucht? Schreibt eure Zeit hier rein:

Oder notiert sie hier für euch:

Datum	Zeit

Der Schluss ist nicht das Ende ...

Du hast nun einige Ideen dafür bekommen, wie günstig, einfach umzusetzen, spaßig und fordernd Challenges sein können. Du hast nicht nur eine großartige Zeit mit deiner Fellnase gewonnen, sondern auch die „grauen Zellen" deines Hundes angeheizt und außerdem ein Album der Erinnerungen geschaffen. Es warten so viele Mikroabenteuer zu Hause, wir müssen sie nur sehen und nutzen. Schärfe deine Sinne für solche Gelegenheiten, denn die gemeinsam erlebten kleinen Abenteuer kann euch keiner mehr nehmen.

Neben der schönen, gemeinsam verbrachten Zeit führen diese verschiedenen Anreicherungen im Alltag auch zu mehr Gelassenheit und Zufriedenheit im Hundeleben. Die geistige Auslastung durch Verhaltensanreicherungen wie Denksportspiele oder auch Schnüffelerlebnisse vor der Haustür und in neuer Umgebung wird sich im Alltag bemerkbar machen. Die Challenges sorgen für Abwechslung und wirken gegen Langeweile. Zudem fördert die gemeinsam verbrachte Zeit die Beziehung zwischen dir und deinem Hund - es entsteht quasi ganz nebenbei die „Partnerschaft fürs Leben".

Die goldene Regel aller Hunde-Challenges ist und bleibt der Spaß und die gemeinsame Zeit. Unsere Hunde geben uns im Laufe ihres Lebens so viel Zuneigung und Vertrauen, Treue und bedingungslose Liebe, dass sie es verdient haben, ein glückliches und abwechslungsreiches Hundeleben zu führen. Dazu gehören neben der Erfüllung der Grundbedürfnisse auch regelmäßige Bewegung und Exkursionen für Erkundung, ganz viel Verständnis und Geborgenheit, Streicheleinheiten und Sozialkontakte und spaßige und fordernde Spiele und Aufgaben. Sicher hast du noch den Anregungen, die du in diesem Buch bekommen hast, selbst schon ganz viele Ideen, was ihr noch gemeinsam trainieren und unternehmen könntet.

Wer auf die Wüsche und Bedürfnisse seines Hundes achtet, wird im Gegenzug mit einer ganz besonders innigen und lebenslangen Verbindung belohnt.

In diesem Sinne - auch weiterhin ganz viel Freude und bezaubernde Momente für euch! Und wer weiß, vielleicht warten ja schon bald die nächsten Abenteuer auf euch.

Eure Eva

Block 10

Vorlagen zum Ausschneiden

Hier findest du alle Vorlagen, die du für die Challenges benötigst. Solltest du keinen Drucker haben, mit dem du die Downloads, die du unter den QR-Codes findest, ausdrucken kannst, kannst du hier alternativ einfach ausschneiden.

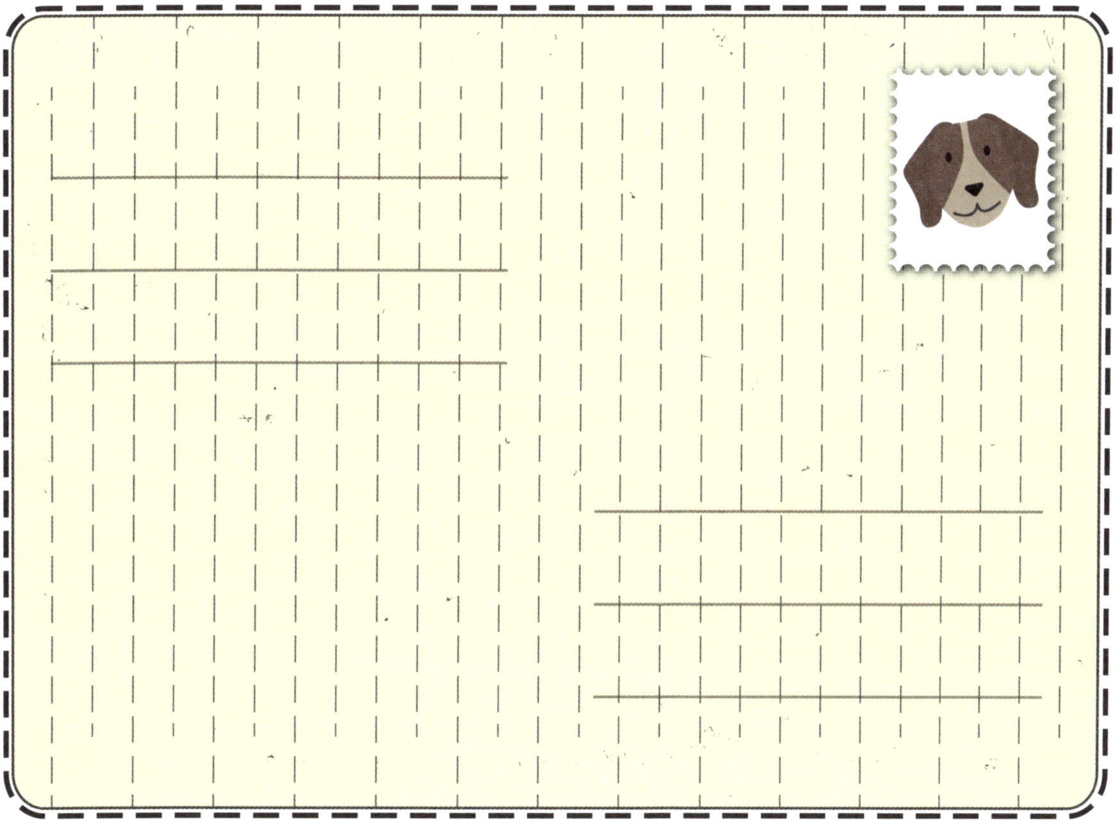

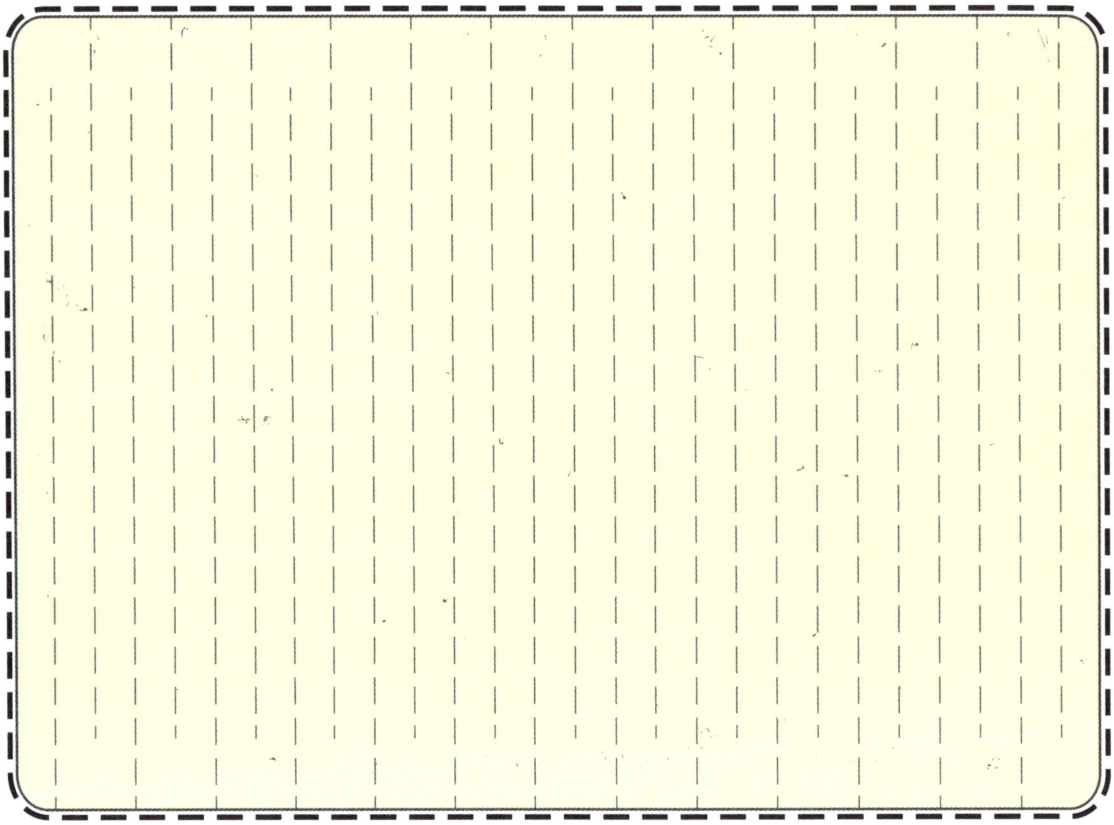

Bilderrahmen zum Ausschneiden Seite 74

Über die Autorin

Eva Pretscher lebt und arbeitet mit ihren Hunden und Katzen in Mittelfranken in der Nähe von Nürnberg. In der von ihr gegründeten Hundeschule O.S.K.A.R. bietet sie neben Training und Verhaltenstherapie ein breites Angebot an Beschäftigungsmöglichkeiten für Menschen und ihre Hunde an. Die Beziehung und die gemeinsam verbrachte Zeit zwischen Menschen und ihren Hunden stehen dabei im Vordergrund.

Als Hundeverhaltensberaterin ist ihr das gewaltfreie Arbeiten mit Tieren sehr wichtig. Sie ist geprüftes Mitglied im IBH e.V. Eva Pretscher besucht regelmäßig Fortbildungen, um stets auf dem neuesten Stand zu sein. Sie ist bekannt durch ihre Bücher „Krimiwanderungen mit Hunden“.